荒牧邦三

僧侶が起《た》つ

―八代　郡築小作争議を主導した男・田辺義道―

熊日新書

僧侶が起つ

—八代　郡築小作争議を主導した男・田辺義道—

◇目次

凡例

・資料引用で現代文に改めた部分がある。
・旧地名は可能な限り現地名を付けた。
・物価を考慮し、当時の1円は3000円に換算した。
・引用、参考にした資料は可能な限り文中に明示したが、煩雑さを避けるため一部割愛、参考文献、引用資料、取材協力者とともに末尾に記載した。
・敬称は一部略した。
・年の表記は、初出の場合、元号と西暦を併記し、2回目以降は元号のみにした。

はじめに

「郡築のことを思うと、私は泣けてくる。あの石灰岩を積み上げた土手の上から、あれが立毛《たちげ》差し押さえの札だと指差されて悲しくなった。打ち開けた水平線、直線に引かれた畦《あぜ》道が、堀の水とすれすれになっている。私はすぐ水害の日の苦難を思った。

貧乏の話は私はそう珍しいものでは無いが、八代郡の当局の横暴の歴史は私には実に珍しいものであった。私は今頃日本にはまだこのような所があるかと思って吃驚《きっきょう》（びっくり）したのであった。私は郡築で義憤の血を湧かした。そして、郡築の農民は悪戦苦闘に猶《なお》、志気を失わないでいる。

私はこの問題を天下の問題だと考えている。早くどうにかしなければ、日本の農業生産者は承知が出来ない。

この書を読むものはただ単に面白半分に読んではならぬ。読むと同時に改造に対する責任がある。

私は日本の農政史に特筆すべき郡築村事件をいま、記録に残してくれることをこの上なく幸福に思っている。花岡伊之作氏はその著者として最も適当な人であり、この問題を取り扱う人としては無くてはならない人である。天は良き人を得たものだと私は喜んでいる。

この問題はいま、明るみに持ち出されてきた。これによって、有産階級がいかに農園無産者を圧迫しつつあるかが、すべて理解し得るのである。

日本の膿《うみ》が郡築にも回っている。そこから日本全体に発熱しないとも限らない。官憲は注意して読むがよい、無産者は涙をもって読むがよい。そして、愛と人道に燃ゆる兄弟等は、わが虐げられたる同胞のために、十字架を辞せざる覚悟をもって読むがよい。

問題が明るみに出た。私はそれを悦ぶ。私は更にそのために、戦わねばならぬことを思わされる。

一九二四年五月十六日　賀川豊彦（注1）　東京本所松倉町バラックにて」

これは、大正13（1924）年に発行された『熊本県郡築小作争議の真相』（花岡伊之作著）の序文である。（一部現代漢字に変換し、ふりがな、句読点を付けた）

大正末期から昭和の初め、熊本県八代地方の干拓地で二度にわたって大規模な小作争議が発生した。日本農民組合、労働組合、水平社団体が支援する「三角同盟」が結集、農業争議としては特筆すべき事態に発展した。全国的にも注目され、日本の小作争議では歴史に残る様相を見せた。この小作争議を後半で主導したのが地元、真宗大谷派の僧侶である。「衆生を救済するのは仏徒の本分だ」として果敢に行動、京都の本山から〝破門〟されかかり、あるいは官憲に抗して逮捕されてもしぶとく立ち上がった。農民とともに歩いた生涯は何が突き動かしたのか。今から100年前、日本の近代史が激動期に入ろうとした時代の物語である。

注1　明治21（1888）年、神戸市生まれ。4歳で両親と死別。徳島で育ち旧制徳島中学校時代に受洗。明治学院高等部から神戸神学校。貧民窟で救済活動し、大正3

（１９１４）年、渡米してプリンストン神学校。３年後に帰国、自伝的小説『死線を越えて』を出版し、発行部数は１００万部を超えた。労働運動や農民運動、無産政党運動、生協活動に積極的に関与、キリスト教の活動家として世界的に知名度が高く、ノーベル文学賞、平和賞の候補にも上がった。著書多数。評論家・大宅壮一は「近代日本を代表する人物」と評価した。業績を顕彰する「賀川記念館」（神戸市）、「賀川豊彦記念　松沢資料館」（東京都）など国内に５つの記念館がある。郡築小作争議でも積極的に農民を支援した。

第１章　争議前夜

ギドーさん誕生

「ギドーさん」

人々は親愛を込めてそう呼んだ。その心情には多分に「救済者」「領導者」の意味も込められている。

田辺義道《よしみち》。

熊本県南部の八代海を臨む干拓地、郡築地方のほぼ中央部に構えた真宗大谷派「隆法寺」の住職である。「ギドーさん」は愛称でもなければ、略称でもない。れっきとした通称で、「釈　義道」。僧侶になるために得度する際、京都の東本願寺から受けた法名である。「釈」はお釈迦《しゃか》様の弟子になるのを許されたということ。出家の時に決

田辺義道氏（昭和22年ごろ、『郡築郷土誌』より）

まったふりがなも「ぎどう」になった。

なにしろずぶとい。「この人がお坊さんか」と思えるほど胆力があり、お経を読むように弁が立つ。

出家したからには心身の修養に励んで布教し、加えて「衆生救済」の役割を十分に果たすことが求められる。宗教者として当然の責務を背負ったギドーさんは、大正末期から昭和の初めに続いた「郡築小作争議」で農民側にどっしりと軸足を置き、旗を振り続けた。日本でも有数の農民の決起となった郡築小作争議に、一介の僧侶がどうして身を投じたのか、そのいきさつと結末、そして、その人生は波乱に満ちていた。

この小作争議は当時、一般的に見られた「(私人の)大地主対農民」という構図とはいささか趣を異にする。それが大きな特徴でもある。郡築小作争議を理解するためには、干拓地の埋め立て工事の歴史から、埋め立てを主宰した〝地主〟の構成、入植

郡築干拓図

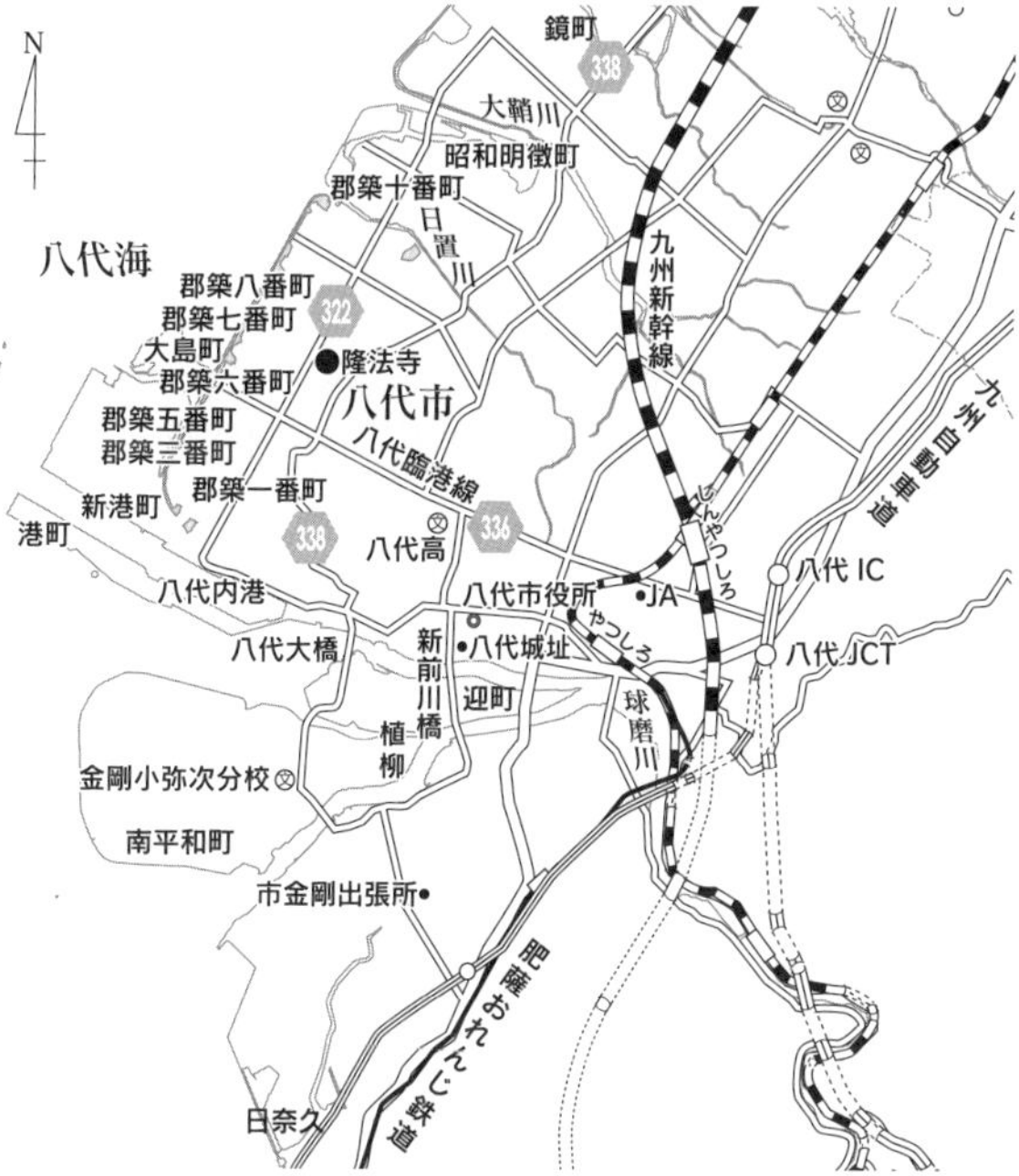

（参考／熊本日日新聞社『熊本県万能地図』）

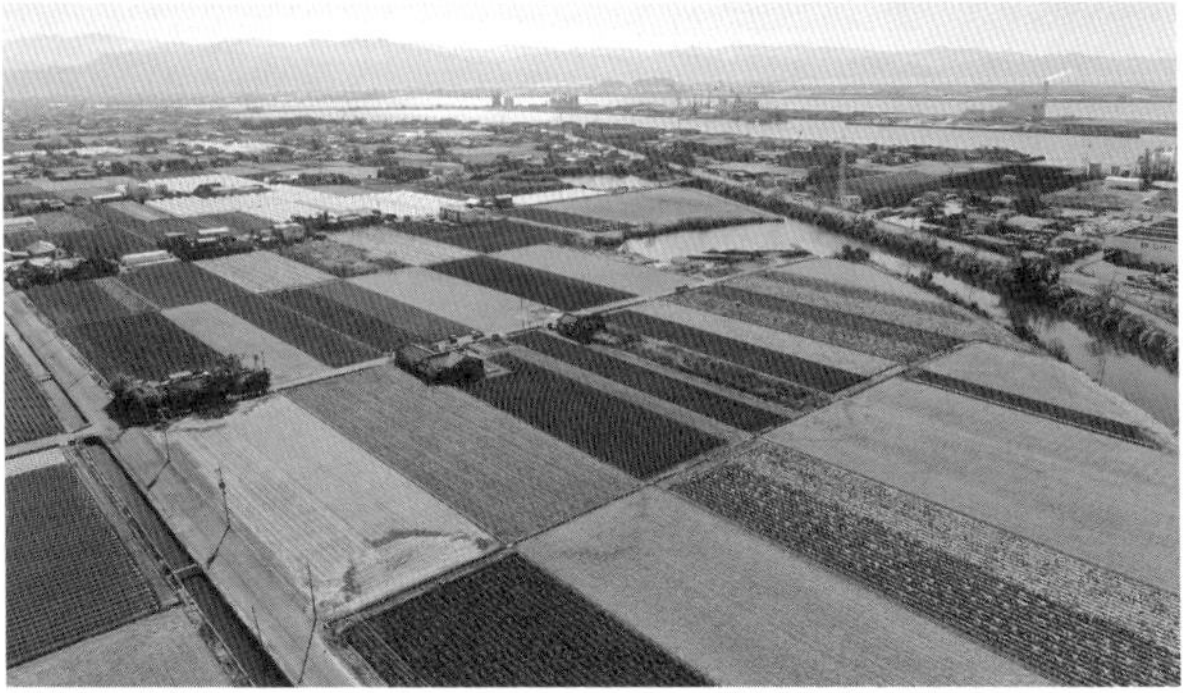

現在の郡築干拓地、奥は八代港（熊本日日新聞社提供）

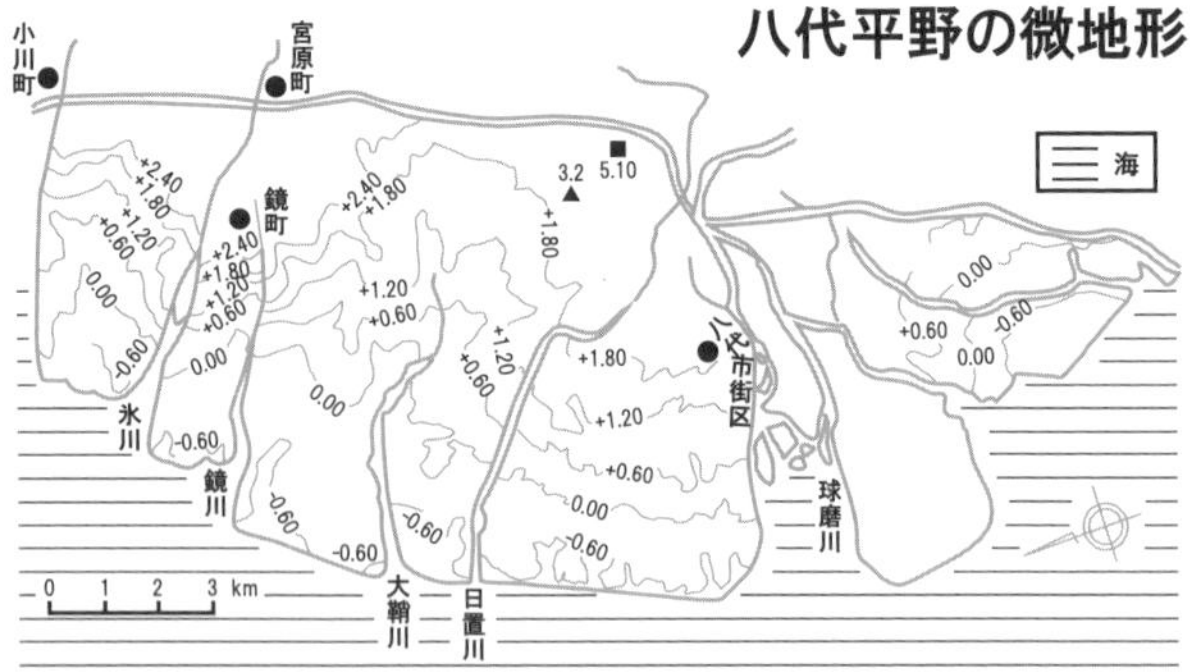

参考／光文館『熊本県の地理』

八代平野干拓地略図

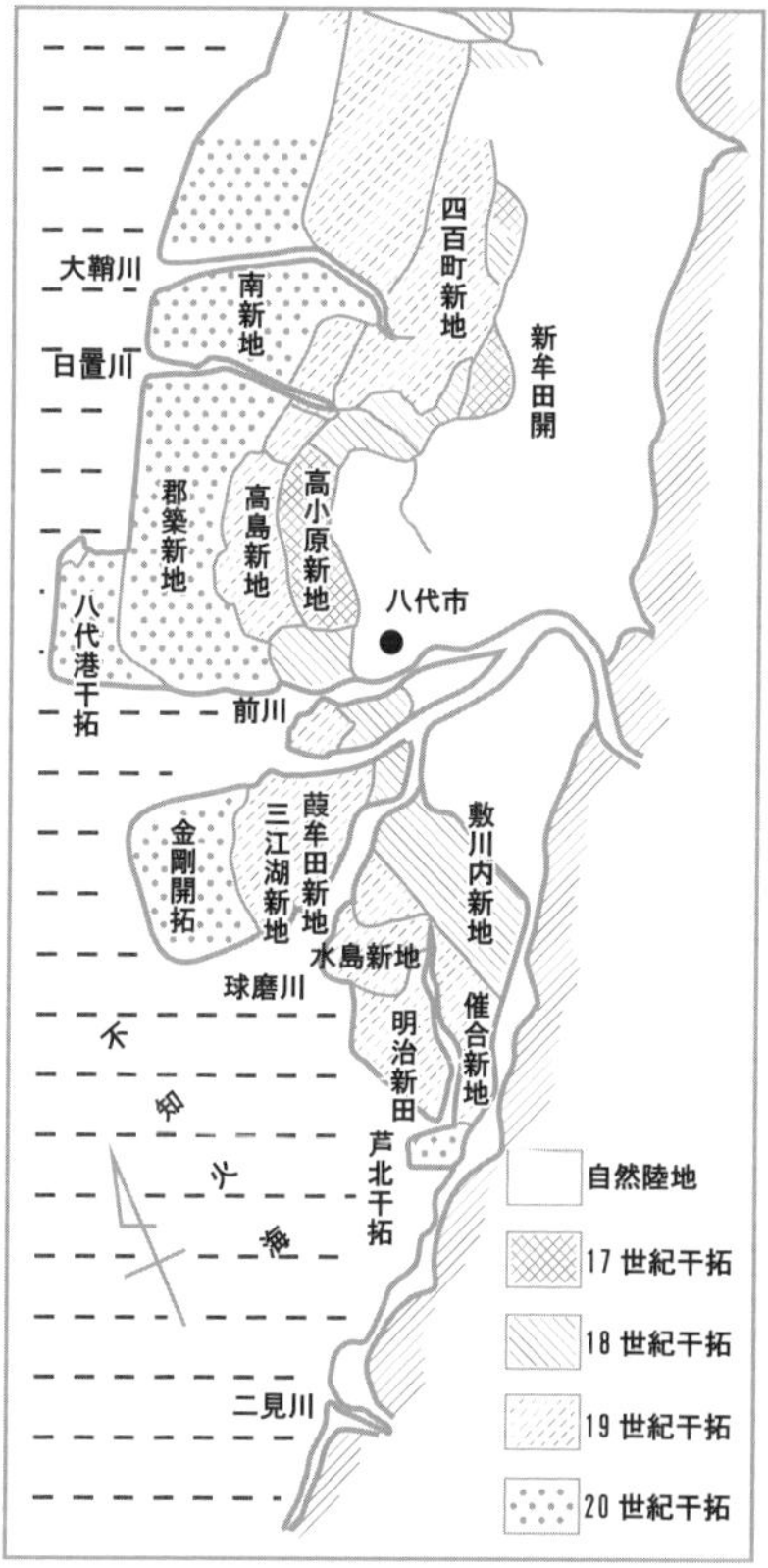

参考／江里口廣「比較農業論―八代平坦地農業の諸問題（1)」より

した人々の背景描写は避けて通れない。

熊本県の地図を広げると、八代海（不知火海）の最奥部、宇城市を起点に約25キロにわたり、延々と南下する一帯は、八代市日奈久までの区間、ほぼ干拓地である。八代平野2万3850ヘクタールの3分の2は干拓地といわれるほど広大だ。その干拓地を貫くように「農免道路」が松橋地区から八代まで走っている。なぜこのような干拓が可能になったのかは、地形を俯瞰《ふかん》するとよく分かる。九州山脈など東側の山々から幾筋もの河川が八代海に流れ込んで河口に三角州を作り、1キロ以上の遠浅、干潟となって埋め立て工事が容易《たやす》かったためである。

河口に流れ込んでいる河川を最奥部から見ると、まず宇城市の大野川から順に南下して五丁川、八枚戸川、旧竜北町の八間川、氷川、旧鏡町の鏡川、大鞘《おざや》川、そして八代市の水無川（日置《ひおき》川）、前川、球磨川と続く。八代海の対岸には宇土半島、天草諸島が見渡せ、海域は陸地に取り囲まれ、風は強いが気候は比較的穏やかだ。

これらの地形に目を付けたのが豊臣政権時代に肥後藩の統治に派遣された加藤清正である。歴史的には〝土木の神様〟と言われただけに肥後藩の新田開発に精力を費やした。古くは約４２０年前の慶長年間、１６００年代初頭に八代地方の中心部に近い新牟田新地や外牟田新地に始まり、順次干拓が進んだ。規模的には八代干拓は熊本県北部の玉名干拓と並ぶ大干拓と言えよう。

歴史的に言えば、郡築干拓は最後発組である。最も新しいのは、昭和31（１９５６）年、日奈久温泉に近い金剛干拓。ここは第二次世界大戦を挟んで15年かかった。年代ごとに区切ってみると、少しずつ干拓され、最後は全部で約80カ所になった。

郡築干拓とこれに関わる小作争議についてはたくさんの資料が残されている。代表的なものとして『郡築郷土誌』『郡築百年史』、「はじめに」にも使った『熊本県郡築小作争議の真相』がある。研究者も多く、元高校教師の岩本税《ちから》氏（注２）や農民運動史研究家の内田敬介氏（注３）、地元の郷土史家など大勢いる。残された資料を総合しながら話を進める。

注２　昭和４（１９２９）年、鹿児島県東長島村生まれ、県立出水高校―熊本大学。矢部、八代東、濟々黌など熊本県内の県立高校教諭38年、元天草工業高校校長。八代高校

教諭時代の昭和42（1967）年に生徒たちの社会研究クラブを指導。田辺義道氏の所持した「郡築小作争議資料綴」を丹念に記録、『郡築小作争議資料3集』にまとめた。ガリ版刷りだが、第一級の記録として同争議解析には欠かせない資料となっている。元九州東海大学講師、熊本歴史学研究会長。『郡築郷土誌』『郡築百年史』『熊本県議会史』の編集、刊行に携わり、著書に『熊本の歴史』『熊本県の地名』『地域史研究と歴史教育』など多数ある。

注3　昭和23（1948）年、上益城郡中央町（元・現美里町）生まれ、宇土高校―東京農工大学―同大学院。JA熊本中央会で営農・農政指導に従事、JA教育センター、JA厚生連に勤めた。日本協同組合学会、日本農業史研究会、熊本近代史研究会に所属。郡築小作争議研究の第一人者と言われ、『郡築百年史』の編集に携わった。著書・論文に「郡築小作争議と杉谷つも」「郡築小作争議と水平社」「郡築青年訓練所国旗投げ捨て事件」「郡築農民青年部と上村松生」など多数。平成13（2001）年に研究論文「両大戦間期の農民運動史研究―熊本県を中心に―」で熊本大学より文学博士号。現在、「みさと土といのち協同農園」代表。

内田敬介氏

「八代郡」が手掛けて「郡築」

八代海沿岸の干拓がどのように行われたかというと、性格的には大きく分けて3種類ある（岩本氏）とされている。一つは肥後藩が中心になって行った「藩営干拓」。もう一つは、細川家や八代の松井家など有力士族が財源確保のために行った「御内家《ごないけ》開き」、または「御赦免開《ごしゃめんひらき》」とも言われている。三つ目が明治以降に国や地元行政組織が行った「官営干拓」。

明治23（1890）年の郡制公布によって八代地域の中心地、八代町を含む23町村および地区は6年後に「八代郡」になった（『郡築百年史』より）。この八代郡の23町が共同で行ったものが郡築干拓である。当初は「干拓新地」とも言われていたが、「郡営」から称して「郡の築造」、「郡築」となった。昔からある地名ではなく、干拓が終わった後の明治42（1909）年に主宰者を称して新しい地名が認可された。これにより24町村（注4）が構成員になった。

注4　八代町、太田郷村、千丁村、鏡町、植柳村、高田村、宮地村、松高村、龍峯村、文政村、吉野村、宮原町、河俣村、柿迫村、金剛村、上松求麻村、八千把村、郡築村、有佐村、和鹿島村、野津村、種山村、下岳村、下松求麻村

「干拓新地」の中心部から北東にほど近い八千把村（現八代市）に真宗大谷派（本山京都・東本願寺）の「隆法寺」があった。お寺に残る記録によると、隆法寺の由来は古く、聖武天皇のころ国分寺として創建されたが、慶長年間にキリシタン大名の小西行長が肥後藩南部を治めた時、隆法寺も含めて領地内のお寺は全て焼却されたという。その後、肥後藩に入国した細川三斎とともに当地を訪れた家来の田辺孫右衛門が、焼け跡の中から高名な仏教僧「行基《ぎょうき》」が作ったといわれる「虚空蔵菩薩《こくうぞうぼさつ》」の霊像を発見した。智慧の菩薩ともいわれるのを崇《あが》めて隆法寺が再興され、正式には寛永11（1634）年9月13日に認められ孫右衛門が初代住職に就いた（『郡築郷土誌』内「真宗大谷派松寿山隆法寺」より）。今から約390年前のことである。隆法寺には今も焼け残ったとされる虚空蔵菩薩の写真と絵図が残り、細川三斎と側室の位牌《いはい》が大切

に保存されている。

明治26（1893）年5月15日、この由緒ある隆法寺の第12世住職・田辺福恵、エジュ夫妻に本著の主人公、長男・義道が生まれた。住職は近隣の門徒から慕われ、徳のあついお坊さんだった。その慈徳がのちに地域を嵐に巻き込む。

では、なぜ八代郡は干拓工事に着手したのか。この動機が争議のカギを握る。

明治29（1896）年、郡制が施行されたものの、八代郡は基本財産を持たず、自治体運営に難渋した。「税収」が少なかったのである。この時の初代郡長はのちに熊

隆法寺に残る虚空蔵菩薩の絵像（上）と焼け跡から取り出されたといわれる虚空蔵菩薩と光背の写真

本市長になる辛島格《からしまいたる》（安政元〈1854〉年～大正2〈1913〉年）である。

辛島郡長は財源確保に郡営の干拓を思いつく。入植者を呼び込み、小作料と土地の貸与で資金を編み出そうというものだ。論議は干拓工事の資金手当てを巡って賛成、反対で沸騰。紆余《うよ》曲折を経て120万円（36億円換算）の債券を発行し、それを銀行が引き受けることで決着した。この返済がのちに重くのしかかる。

明治33（1900）年春に工事に着手したものの潮止め工事は難航した。今でいう浅瀬を大量の石積みで囲い込み海水を遮断する工事である。沖合には高島、白島、産島があり、これらを堤防代わりに利用、陸続きにした。石灰の算出で有名な大島は少し沖合にあり、風よけに使った。大島―郡築間の海域も昭和38（1963）年に埋め立てられ、石油基地、運動公園などになっている。

遠浅とはいえ、海は干満があり、風も吹きつけるので大きな波が工事現場に押し寄せ、海流の特徴などを熟知していないと難しい工事になる。そのために請負人が代わったり、低賃金に不平を持った工夫がストライキをしたりするなど、世論が先行きを心配したことで工事は何度も中断した。郡議会の解散や暴風雨の来襲、追加資金の

明治37年2月9日、郡築新地干拓工事の最後の潮止め工事が完成したことを喜ぶ農民、工事関係者（田辺氏蔵、資料集より）

要請など、新地の干拓はスタートから波乱含みだった。

それでも郡当局は工事にまい進、難関の潮止めに成功したのは明治37（1904）年2月9日だった。この完成を祝って住民が喜ぶ一枚の写真が残っている。護岸には日の丸が掲げられ、海側には小舟が集まっている。寒い季節なのに両足はむき出し、地下足袋姿で人々は狂喜乱舞しているようだ。

足掛け4年の歳月を費やした後の完成に、住民は工事をリードした郡長、古城《こじょう》弥二郎《やじろう》氏の偉業をたたえた。古城氏は安政4（1857）年、肥後藩

令和5年の古城郡長墓前祭（郡築）

の士族として現在の熊本市で生まれ、警察官となり高知、徳島、山口、兵庫県を転々、39歳で熊本に帰った。玉名郡長を経て、郡築干拓が着工される直前の明治32（1899）年、八代郡長に就任した。当時43歳。古城氏は一時離任したものの難航する工事に呼び戻され、資金の手当てはもとより、郡議会の説得に東奔西走した。剛直な人柄で人望もあつく、異論の多かった干拓工事をなんとかやり遂げた。

　地元住民はその功績をたたえて、大正8（1919）年、干拓地のほぼ中央部に高さ3メートルはあろうかという墓碑を建てた。遺言だった。墓碑には熊本で最初の総理大臣に

郡築神社に建てられている古城郡長の胸像

なった清浦奎吾伯の字体「故八代郡長古城君墓」が刻み込まれている。毎年、潮止め工事の完工日に合わせて地元関係者によって墓前祭が行われている。遺影が掲げられて僧侶が読経を唱《とな》え、多大な遺徳をしのばせる。また、郡築小学校横にある郡築神社の境内には、古城氏の胸像が干拓地に向かって建っている。

潮止め工事が着工された明治33年、八千把尋常小学校（4年制）に通っていた義道少年は数えの9歳になった。満年齢でいうと7歳であるが、この年齢を契機に将来、僧侶の道を歩むための得度を受けた。9歳という年齢は真宗の宗祖・親鸞聖人が得度したのと同じ歳である。仏門の子弟にはこの歳に合わせて得度することが多い。「釈義道」。隆法寺に「新発意《しんぽっち》さん」が誕生した。毎朝、本堂のご本尊・阿弥陀如来様への「御仏飯《おぶっぱん》」供えを手伝い、両親の唱える「声明《しょうみょう》・正信偈《しょうしんげ》」（お経）を聞いて育った。大人になって争議の渦中に飛び込むなど思いもしない、クリクリ頭の元気な少年だった。

堤防だけ、名ばかりの干拓

完成した護岸工事を受けた干拓地は、東西約5㌔、周囲約12・6㌔、広さ1046町、現代風にいえば1046㌶。熊本城跡の約11個分、東京ドームの224個分にもなる。新地が出来てもそのまま入植できるわけではない。流れ込む雨水の排水路建設や田畑の水源確保が待っている。しかし、銀行への返済は待ってくれない。そこで、直ちに入植者募集が始まった。

「こんな干潟のままのような新開地に何の補助もなしに、小作人が来るであろうかと心配していた」（『郡築郷土誌』）が、いざ募集を始めると多数の応募があった。

そこで、郡当局は入植者の「選択内規」を作った。その内規は厳しく、22項目にも及んだ。「入れてやる」という高飛車な姿勢が濃厚で、上から目線のやり方が入植者を事あるごとに刺激する。

内規には主なものとして、「▽本人並びに家族の素行及び前科の有無▽住居町村内における声望▽資産及び身元引受人の財産▽肺病・らい病者（ママ）の有無▽労働に耐える人員▽耕作牛馬の有無―」などが並んだ。つまり、求めたのはそれなりに品行方正で、３０００円（現在の貨幣価値に換算して９００万円）以上の資金を持った資産家を条件にしたともいわれている。そして、これらの条件を判断するため、入植希望者が住む地域の警察署に身元調査を依頼したのである。厳しいといえば厳しいし、差別的でもある。

だが、入植者は余裕があって、希望に燃えた者ばかりではなかった。いま住んでいる田畑を全て売却して資金を作り、親戚、知人から借金をして新天地を目指した人たちも少なくなかった。ここに、争議に発展する芽が潜んでいた。

道路や排水溝、家屋などを除いた耕地面積は明治44（１９１１）年で７７５㌶。これを碁盤の目のように区切って一番割から十二番割の住所番地にした。だから、「○番割の○○」と言えば、居住地が推測できる。例えば京都で言うところの「上る、下る」の住所番地ですぐに場所を特定できるのと同じと言えば理解できよう（現在は町表記になっている）。竣工当初の入植者は１３０戸。その後、順調に増え、大正６（１９１７）年の入植者は３３９戸、1戸当たり２３５アールだった。出身地は▽八代郡１７３戸▽宇土郡68戸▽下益城郡61戸▽葦北郡18戸▽天草郡14戸▽菊池郡２戸▽上益城郡、飽託郡、熊本市、各1戸。それに近辺からの通いの農家28戸である（『八代郡史』『郡築郷土誌』より）。

　人々が集まって村落らしい形が出来ると、中身も必要だ。潮止め工事が完成した明治37年10月、入植者、隆法寺が中心になって説教所、布教所の設立と寺院用の敷地を貸してほしいとの願いが古城郡長宛てに出ている。入植者も宗教的な心のよりどころが必要だったのである。入植者内規にも「神職僧侶、医師産婆、及び商業、工業、漁業を目的とするもの──」があった。これによって大正４（１９１５）年、隆法寺は干拓地のほぼ中央、八番割に６００坪（約２０００㎡）の境内地を貸借。翌年に八千把村からの正式な移転が決まり、お寺の建物が完成した。田辺住職一家も郡築に引っ越してきた。入植者のほとんどが門徒である。もちろん、住職夫妻はお寺の仕事ばかりではない。合間を縫って農業にも従事した。私立郡築尋常小学校、病院、商店も順次整った。

聡明な義道少年は八千把尋常小学校から八代地区11カ町村立の八代南部高等小学校（2年制）に学び、明治39（1906）年4月、旧八代城址にあった旧制八代中学に入学した。八千把村のお寺から中学校まで約2㌔、通学には歩いた。八中は熊本市の濟々黌の分黌として開設、熊本県南部の名門中学で、卒業生は旧制高校に多数進学、帝国大学に進んで有名になった卒業生は引きも切らない。

このころの日本は、日露戦争に勝利した余韻が残り、中国東北部の旅順に関東都督府を開設し、政友会の西園寺公望が内閣総理大臣に就任、また夏目漱石が『坊っちゃん』を刊行した年でもある。作家の司馬遼太郎風に言えば、「坂の上の雲」を目指した時代であり、日本が国際社会に乗り出そうと必死になっていた時代でもあった。

だが、郡築では苦難の行軍が始まろうとしていた。干拓地とは名ばかりで、郡がやったのは堤防建設だけ。干拓地の塩抜きも十分ではなかった。排水路はなく、干拓地にはまだ海水池が見られ、魚が泳いでいた。無数の牡蠣《かき》殻が残り、取り除こうとしても藁草履《わらぞうり》では足裏を踏み抜いてけがをする有様《ありさま》である。塩分濃度の濃い干拓地は他の新地よりも痩せて多くの肥料を必要とした。入植者は低賃金で道路を切り開き、水源確保のために自前で球磨川から引水、4000カ所もの井戸を掘った。家屋を整えるなどとんでもない話で、多くは雨露をしのぐだけの掘っ立て小屋だったという。とにかく、農地としての条件は最悪だったといっても過言ではない風景が広がっていた。

「三年無徳」のはずが

江戸時代以降、干拓地への入植者には「新地百姓三年無徳」との慣行があった。「無徳」の徳は〝得〟を意味し、それまでの干拓地では生産が安定するまでの3年間は小作料を免除していたのが通例だった。だが、郡築では入植したその年から小作料が発生した。それだけではない。農地を確保したばかりで移住を準備中の人にも小作料の請求書が送られてきた。郡は工事費の借金返済を急ぐあまり、こうした過酷な条件を付帯していたのである。「3000円の資産を持つ人」というのはこうした事情が背景にあった。

しかも、生産性は低い上に、小作料は他の干拓地に比べて高かった。岩本税氏が「めざめる干拓農民」（『新・熊本の歴史8』）で、大正11（1922）年の稲作状況を示している。それによると、八代郡の稲作の反当たり（10アール）収量平均は2石4斗2升1合（約370キログラム）なのに対して、郡築は1石6斗（約230キログラム）。また、小作料も八代郡全体比で、収穫の5割なのに、郡築は約6割と高かった。肥料代もかさみ、貧乏を絵に描いたような生活が続くと、当然ながら子どもたちの学校欠席も多く、就学率も低かった。過酷な生活に耐えきれず、離村、夜逃げも目立ち、入植4年で半数が入れ替わったという。

それでも地主の郡側は容赦しない。干拓工事で借りた借金を早く返済したいばかりに過酷な取り立てが続き、入植者はさらに親族から借金をしたり、長崎、北九州の炭鉱に出稼ぎに行ったりする人もあった。入植地の排水路や道路が作られると、その工事代の一部も負担を求められた。とにかく、取り立てが細かく、厳しい。〝背水の陣〟で古里を出てきた人が多かっただけに後戻りは容易ではなかったのだ。

過酷な状況を示すものとして、『郡築百年史』は入植から5年間の転出実態を示している。それによると、明治42（1909）年は3戸だったのが、翌年は38戸、同44年は21戸、同5年22戸、大正2年は15戸だから転出農家は総計102戸にも上った。入植者全体でおおむね330戸だから、実に3分の1の転出率である。

こうした〝惨状〟を見聞きしながら八代中学に通っていた義道少年は、当然のように社会の矛盾に気づき、ムクムクと反骨精神がもたげてきた。

八代中学「同盟休校事件」

明治43（1910）年、義道少年が4年生になった春に問題が勃発した。八代中学で歴史に残る〝同盟休校事件〟である。

発端は図画（美術）担当の先生に対する反発からである。この事件については、

『八高百年史』や同窓会誌の『創立六十周年記念誌　白鷺』、『八高群像』、それに岩本税氏も「土に生きた法衣の男」（徳永直の会会報）で取り上げている。当時の九州日日新聞も大々的に記事にしているから、それなりに特筆すべき事件だったことがうかがえる。これらを総合すると事件の概要はこうだ。

八中に指導の厳しい絵画の先生がいた。1学期の終わり、5年生の学科評点が廊下に張り出された。成績表である。ところが、そのうち1人の生徒の絵画評点が落第寸前である。これに怒った当の生徒が「インチキだ」とその評点表をはぎ取って破り捨てた。他の教科の成績は優秀だったのに、日ごろから図画の先生とソリが合わなかったのが原因と思ったらしい。「教師が私情をはさんだ。学校から追い出せ」と騒ぎ出し、同調する生徒も出て来た。付和雷同的に騒ぎに乗った生徒もいた。

九州日日新聞は、「問題の生徒が課題（宿題）の絵画を上手な下級生に頼んで提出したのが図画の先生にばれ、1週間の停学処分になり、代筆した生徒も特待生資格をはく奪された」としているが、これが本当なら生徒が悪い。真意不明なまま騒動はエスカレートし、これに反対する生徒の動きも出て、校内は分裂状態になった。

騒ぎは「図画教師糾弾集会」が開かれるまでに大きくなり、学校側も事態収拾に乗り出した。解散を命じたが、騒ぎは拡大するばかり。生徒たちはついには学校から5キロ離れた稲荷山に立てこもり、鎮静化に向かった先生が追い返される始末である。学内に残った生徒たちも興奮している。休校に対して賛成、反対で生徒間の殴り合いまで起きた。学校側が各学年の級長、副級長を集めて説得を試みていたところ、一部の生徒がこれを奪い返さんとばかりに職員室に乱入、職員室の机はひっくり返り、窓ガラスも割れる騒動になった。

結局、学校側の説得が功を奏し、ストライキは2日間で鎮静化した。新聞はこの騒ぎを書き立てるし、八代郡の耳目を集めたのは言うまでもない。九州日日新聞も後日、社説で「不幸な紛擾《ふんじょう》（もめごと）事件ではあるが、こんな場合、地域は冷静に対処し、生徒に対して適切な指導をすべきである」と書いた。

騒ぎが収まると、学校側は後始末に乗り出し、処分として首謀者、加担者20数人の放校、停学、謹慎措置が行われた。4年生の義道少年も含まれていた。1年先輩の〝事件〟だったのに義道少年が騒動に加担していたということは、相当に血気盛んな生徒だったのだろう。

その後、処分された生徒たちはどうなったのか。

リーダー格だったうちの1人はクラスの級長をしていたため責任を問われた。のち、東京の成城中（旧制）に入り直し、一高—東京帝大と進んで北陸地方にある帝国大学医学部の教授になった。熊本中学に転校した者もいる。義道少年は処分後、旧制玉名中学に転校した。玉名に親戚や知人がいるわけではないが、騒ぎを起こしたことでもあり、遠方の方が暮らしやすかった

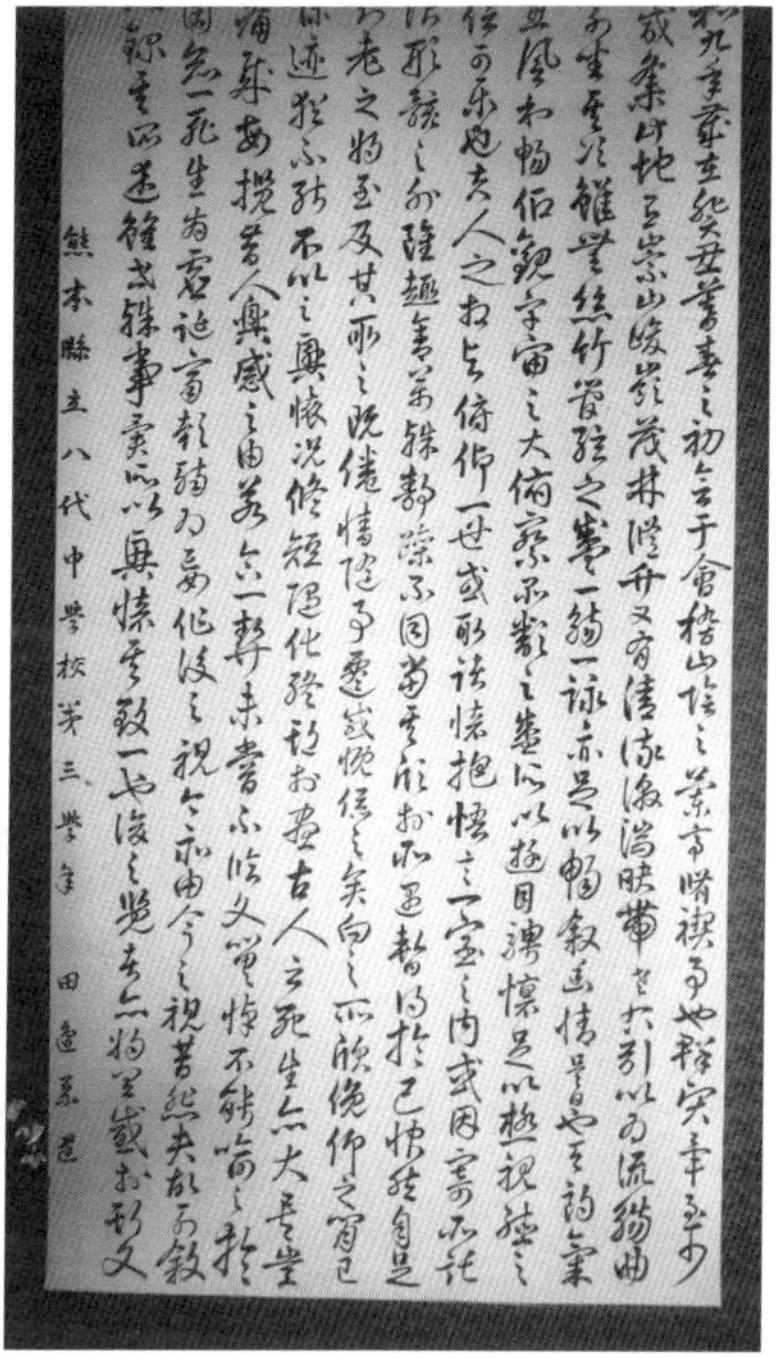

田辺氏が八代中学3年の時に書いた「蘭亭序」

のだろう。図画教師は退職した。

隆法寺の庫裏《くり》には今、仏間の正面にヨコ96チセン、タテ197チセンの大きな掛け軸が架かっている。義道少年が八代中学3年の時に書いた「漢詩」で、とても15歳の生徒が書いたとは思えない、達筆の見事な書である。現住職の田辺洋之氏（63）は「祖父が書いた隆法寺の家宝です」と言う。

この書は、中国の政治家で書聖とも言われた王羲之《おうぎし》（303～361）の「蘭亭《らんてい》序《じょ》」を模写したもので、日本では奈良時代から手本として連綿と受け継がれており、書家を目指す人は必ず一度は手本にしたという有名な書だ。義道少年がこの書の内容をどこまで理解していたかは不明だが、手本にした際には、指導者から大意は聞いていたはずである。

王羲之は中国の「東晋」、今の江南地方、地図でいうならば台湾海峡を挟んだ大陸側一帯を支配した国家の政治家で、「蘭亭序」の実物は現存しないが、模写、臨書が続けられ28行324字の短文ながら、今元書があるなら国宝級とも言われるほどだ。

その意味するところはさまざまな解釈がある。

永和9（353）年、浙江省紹興市の蘭亭に当地の名士など41人が集まって曲水《きょくすい》の宴が開かれた。庭園を流れる曲水に乗った杯はゆらゆらと揺れて目の前を流れて行く。その際の模様を王羲之が詠んだもので、人々の過去、現在、未来、そして日々の暮らしや老いに思いをめぐらした漢詩が蘭亭序である。過去と未来とすれば人々の「生と死」が絡んでくる。当時は、中国にも仏教がインドから流入、その死生観は人々の行く末を導くものとして広く流布していた。

仏陀の根本教説には「人生は苦である」との命題がある。一方で、「生死出《しょうじい》づべきの道」として「苦」を脱していかに立ち向かうかとの問いかけもある。王羲之は、参会した人々の、杯のような「人生」に思いを巡らし、その心情を324字に託した。蘭亭序にも中盤に「生死」の漢字が読める。王羲之はこれらの解釈を後世に託したと言われているが、逆に言えば読む人に自分の死生観を投げかけて有名な書になった。

15歳の義道少年も筆を運びながら、「僧侶」を背負った身として己の死生観を問い直したのであろう。子どものころから両親の唱える「正信念仏偈」の一説、「惑染凡《わくぜんぼん》夫信心発《ぶしんじんぽつ》」には「煩悩にまみれた凡夫にも信心があれば生死の迷いを超えて涅槃《ねはん》になれる」とある。つまり、「成仏できる」というわけである。少年から脱皮しようとする時期、死生観はおのずと備わって来た。

熊本市の書家の一人は「この書は中学生とは思えない筆使いで、練れている。老練で40代、50代といわれるような書きっぷりだ」と評している。

大正2年3月、義道少年は玉名中学を卒業、青雲の志を持って上京する。郡築村では干拓地の堤防が高潮で決壊し、不穏な空気が漂っていた。

第2章　第一次紛争勃発

仏門に誓う「己の生き方」

「大正時代」との響きには、ちょっとした歴史的郷愁がにじむ。明治と昭和の間の15年間だが、「大正ロマン」とも呼ばれる雰囲気が漂った。日清、日露戦争に勝って欧米列強と肩を並べ、思想的にも自由と開放が芽吹き始めた。労働運動や社会主義思想も見え出した。いわゆる「大正デモクラシー」であり、文化的にも映画、小説、絵画に緩やかな雰囲気が見られる。のちに軍部が台頭して来るまでの「つかの間の小春日和」と呼ぶ人もいる。郡築小作争議もこの時代背景と無縁ではない。

大正２（１９１３）年春、義道少年は汽車に揺られて東京に向かった。これから先の東京での数年間の生活は不明なところも多い。残された履歴書などを手掛かりに可能な限り追いかけてみる。

義道氏の生きざまは断片的にいろいろと書かれているが、一説には玉名中学卒業後に早稲田大学に進んだとある。だが、昭和4年に義道氏が小作争議の紛争で八代警察に逮捕された時（この事件については後述する）、取り調べの検察官に学歴を問われたのには、早稲田大学の名前は出ていない。また、昭和13（1938）年に書いている履歴書にもその記述はない。早稲田大学校友会にも問い合わせてみたが、中退も含めて「在籍の確認はできない」という。代わりに出て来るのは明治大学。これは共通している。そして、大正4年、3年生の時に退学しているから、逆算すると大正2年に明治大学に入学したことになる。つまり、この年は玉名中学を卒業した年である。

明治大学を退学した理由がまた、義道氏らしい。どうしたことか、大学の教授を殴って放校処分になった。素行を問題視されたというより、授業を巡っての食い違い、思想的な相違が義道氏を怒らせたようだ。放校処分は八代中学に続いて二度目だ。よほど血の気の多い青春時代だったのだろう。

そして、その足で京都の「同朋社」に向かう。ここは、大正2年に滋賀県近江市・

明正寺（大谷派）の住職、佐藤得聞《とくもん》（明治９〈１８７６〉年～昭和17〈１９４２〉年）が開設したもので、住職になるための基本を学ぶ場だった（法藏館、『真宗人名辞典』より）。１年かけて「内典補修《ないでん》」を終える。「内典」とは仏教に関するさまざまな書籍を読みこなし、仏教の理解を深めることで、要は講習会である。佐藤得聞は真宗大谷派の教義研究者としては高名な僧侶で、親鸞聖人の書いた『教行信証』や『正信偈』の研究、解説でも名の通った人だった。義道氏は満７歳での得度後、僧侶としての基本的な知識が不足していたため、ここで仏教の歴史や教えなどをみっちり学んだ。得度して僧侶の資格を得てもお寺の住職になるためにはどうしても通らなければならない場でもある。

仏教の真理は深い。王義之の「蘭亭序」を胸に抱えていた義道氏は触発された。自分の生き方を問い続けたのである。

釈尊が教えているのは、「人間は平等」であることだ。釈尊はインドに根強く残るバラモン主義のカースト制度を厳しく否定し、「階級や身分、職業、種族によって人間の価値に優劣があるなど誤りも甚だしい。法（真理）は全ての人に平等である」と訴えた。加えて「生まれによって卑しい人となるのではない。生まれによってバラモン（カースト制度における最上位の人々を指す）となるのではない。行為によって卑しい人ともなり、行為によってバラモンともなる」と説いた。「智慧と慈悲」を求めているのも僧侶としての基本姿勢であろう。

隆法寺が大事に守って来た「虚空蔵菩薩」は「智慧の菩薩」とも言われている。「広大な宇宙のような無限の智慧と慈悲を持った菩薩」が、義道氏にその生き方を迫ったのは疑いもない。

また、真宗大谷派の宗祖・親鸞聖人は承元元（1207）年、35歳の時、師である法然上人とともに教義を巡って朝廷から不敬を問われた。

時は鎌倉時代、世は乱れ、人々は飢餓と病気に苦しんでいた。京の都でも道端や鴨川で行き倒れの男女を見るのも不思議な光景ではなかった。そんな世で親鸞聖人は、貴族相手の比叡山仏教では衆生を救えず、世俗を「末法《まっぽう》の世」と批判的に捉えた。そして、民衆に希望を与える専修念仏を唱えたのが「朝廷をないがしろにしている」と逆鱗《げきりん》に触れた。これは阿弥陀如来の救いを信じる教えで「他力本願」とも言われている。二人とも死刑は免れたが、親鸞聖人は京都から越後国（今の新潟県）へ流罪になる。これは「承元《じょうげん》の法難」とも言われる。約5年後に赦免されて常陸国《ひたちのくに》（茨城県）を回り、伝道生活を続けて京都に帰って来たのは60歳を過ぎてからであった。この間に親鸞聖人が見たものに、義道氏は深い共感と決定的な影響を受けた。

親鸞聖人が目の当たりにしたのは、耕作農民や最下層の人々の苦しい生活であり、必死になって生きる姿であったと言われている。釈迦の言う「人間は全て平等」であり、決して「支配関係」で結ばれることではない「同朋関係」からは著しく乖離《かいり》していた。宗教の役割とは何か、大きな難題を突き付けられた親鸞聖人は、人々を救い上げる宗教の役割に改めて目覚め、のちに教団の根本聖典『教行信証』が生まれた。義道氏はそうしたことを同朋社で刻み込まれた。

義道氏が古里の郡築村を見れば、過酷な小作料による貧困と不作に追われる、小作人の苦しい生活があった。まさに親鸞聖人の見たものと同じような構図が日々、続いている。同朋社での学びで宗教者として自分の立ち位置を自覚したであろう。さらに、明治大学を中途退学になったのも別の意味で義道氏の生き方を決めた。

郡築村役場（『郡築郷土史』より）

このころ、郡築に新しい動きが出始めていた。熊本県知事は明治42年、干拓地に独立した村の設置を認め、郡築新地は「郡築村」になっていた。新しい自治体になると運営する自治組織が必要になる。村長、助役、議会、役場―。これらをどのように組み立てるか、そこには民主主義の初期形態が必要になる。

まず、選挙民の選定だ。当時は制限選挙であり、「公民権」を得るには25歳以上の男子で、土地所有者に課せられた「地租」を納めた者、そして2円以上の税金を納めた者という条件があった。しかし、郡築村民はほとんどが小作人であり、有権者資格としての納税者は見当たらない。そこで、有力者たちは22

人の〝言いなりになる〟小作人を選んで「納税している」と作りたて「公民権」を与えた。その人たちを有権者にして12人の村会議員を選んだ。

このころの八代地方は政治的に政友会が最も力を持っており、自治体はおのずと政友会系で占められた。公職選挙法では、町村長など自治体のトップは当該自治体の「選挙会」で選ぶことになっていた。選挙会は議員で構成されるため、間接選挙で自治体トップが選ばれる仕組みだ。こうして郡築村では村長が選ばれたが、何のことはない、全て政友会系の有力者で仕組まれた役場作りとなった。しかも、役場の助役も収入役も村長の息のかかった人物ばかりだったので、おのずと独断と専行が生まれる。役場職員は村長、助役の親類が多く、無学が多かった村民を見下すなどの態度が続いたため、不満が募ったのは当然の成り行きだった。しかも〝重税〟が続いている。ここに役場対小作人の対立の芽が生まれた。「郡築小作争議」の構図となる。

「小作料を下げてもらおう」

「自分たちの村を作ろうではないか」

農民は立ち上がった。

いる。

「公民権をよこせ」。大正6年のことである。

義道氏は内典補修会を終えると帰郷し、地元・郡築尋常高等小学校で准訓導をしている。正式な教師ではなく、補助的な役割か。大正9（1920）年まで勤めた。ちょうどこの年の3月、妻・みどりさん（明治33〈1900〉年生まれ、旧姓本田）を飽託郡花園村（現熊本市）から迎えた。妻は庄屋の生まれで礼儀正しく、沈着冷静な性格だったが、この後、嵐の中に飛び込むとは思いもしなかっただろう。

このころはまだ、仏門の身として争議に踏み込むことには躊躇《ちゅうちょ》していた。そして大正10（1921）年、予備役招集で陸軍二十三連隊に入隊する。これは熊本が中心の元陸軍第六軍官・第十一師官の歩兵部隊で、義道氏は軍曹まで昇進したが1年で除隊する。この後、大正11年から同14年まで家族とともに大阪に出向き、大阪府警の警察官に就いている。このいきさつについては判然としないが、既に長男が2歳になり、次男は生まれたばかりだった。大阪での警察官経験は社会の動きを知り、法律に基づく論理的な考えを養ってくれた（昭和5年の検事調書より）。だから、第一次郡築小作争議の時は不在ということになる。しかし、後で触れるが、このころにはすでに古里のため重要な役割を担っていた。

これから先しばらくは、義道氏不在のまま争議のいきさつについて述べて行く。義道氏が登場する昭和の第二次郡築小作争議を理解するには前段の紛争がどうしても避けて通れないからである。

郡築に戻る。

燃え上がる公民権獲得運動

公民権獲得運動は一気に燃え上がった。農民は立ち上がった。村民大会が開かれ、誰もが平等に公民権を持ち、公正な条例制定と村民参加を求めて団結したのである。干拓地は日々、沸騰した。そして、村長に粘り強く要求を突き付け、ついに臨時村議会が開かれるまでこぎつけた。

だが、役場側は頑強に抵抗する。勝算を秘めていた。当時の権力構図は県知事が政友会。今では想像もできないのだが、日本の各自治体は官選知事をトップに各市町村を知事系列に染めてしまう。そして、警察のトップは知事が任命する仕組みなので、各警察署長から有力幹部の多くは権力支持者で固められる。しかも、世論を形成する新聞（この場合は九州新聞）も政党の機関紙となり、都合の悪いことは書かない。政友会が強力な八代では、県知事が任命する郡長から八代警察署長、有力政治家まで政友会一色である。役場側はここに頼った。農民の要求を権力でもって拒否しようという算段だ。民主主義が未熟だった時代である。

公民権を得るための村条例の制定要求は行き詰まった。

だが、役場側の抵抗の壁に思わぬほころびが見えた。

「郡築村の役場で公金不正があるようだ」

農民たちは勇み立った。八代郡に対して、郡築村の会計を調べてほしいとの嘆願を始めた。しつこい要求に郡側も重い腰を上げ調べたところ、肥料代として郡築村民に貸し付けた3万円（9000万円換算）のうち、村長が2000円（600万円換算）を政友会に献金していたのである。公金の横流し、いや〝疑獄事件〟として農民は怒った。これを受け、八代警察署は突如として郡築村役場を捜索し、村長ら2人を逮捕。村長は追及をかわしきれずに辞任、獄に入った。しかし、役場側は新しい〝傀《かい》儡《らい》村長〟を連れてきて農民参加の要求を拒否し続けた。農民側の郡長への陳情は6回にも及んだ。

次いで農会の代表選挙が待っていた。農会とは今の農協組織である。役場側はこのトップに農民代表が選ばれるのを懸念した。農民たちは事の本質を理解しようと勉強会、演説会を計画する。選ばれたのが「隆法寺」。お寺は郡築のほぼ中央部にあり、本堂は広い。ここで、郡築小作争議の歴史に田辺住職の隆法寺が初めて登場する。この後、隆法寺は小作争議の拠点になる。

勉強会の講師には新聞記者が選ばれた。ところが、ここでも役場側が妨害する。隆法寺に「会場を貸すな。貸したらお寺の用地を取り上げる」と再三にわたって圧力をかけられ、ついに折れた。勉強会場は近くの病院に変わったが、隆法寺は地域から胡《う》乱《ろん》な目で見られ、肩身の狭い思いをすることになる。しばらくはお布施も献金もなく、お寺の経営に苦労したようだ。

結局、農民側の要求が実現するまで2年もかかった。国による法律解釈を得て選挙権が認められ、郡築村にようやく次のような「公民権に関する条例」が出来た。

「帝国臣民にして、独立の生計を営む年齢25歳以上の男子、2年以来郡築村の住民となり、その負担を分任し、一町一反歩以上の土地を郡より賃借し、もしくは直接国税2円以上を納むるときは郡築村の公民とす」

一方、農会選挙では警察の選挙干渉や脅しが続き、地主の抵抗も強く負けた。だが、これらの闘いを通じて農民たちは、団結と組織の強化が絶対に必要なことを学んだ。この体験こそがこれ以降の争議での教訓にもなった。

郡築農民の役場に対する抵抗が激しくなるころ、義道氏は大阪にいて古里の混乱を伝え聞いていた。前出の検事調書にも古里のことが気になっていたと述べている。地主対小作人の関係が持つ矛盾に真剣に考え始めた。自分の役割はおのずと定まりつつあった。

大正12（1923）年、「郡制」は廃止されたため、郡築の地主は干拓地の所有を続けるため「公益事務組合」を作った。構成員は同じ24自治体である。

郡築の紛争は長引き、全国に知られるようになる。『熊本地裁九十年誌』（昭和42年）もこの年を「郡築小作争議はじまる」と記述している。

この時点での郡築の状況は、以下のとおり。

田　786町4反4畝22歩（786・4㌶）
畑　23町3反14歩（23・3㌶）
宅地　78町3反6畝21歩（78・3㌶）
小学校敷地4反28歩（0・4㌶）
避病院敷地　4反17歩（0・4㌶）
墓地　6反12歩（0・6㌶）
村役場敷地　2反歩（0・2㌶）
池沼　74町2反4畝14歩（74・2㌶）
合計　964町（964㌶　大正11年2月15日現在）

郡築に入植が始まってはや20年が過ぎた。過酷な小作料は農家を疲弊させ、借金まみれになった挙げ句、夜逃げも相次いだ。その空いた土地を求めて新たな入植者が来る。稲作の病気に伴う不作は農村の荒廃に拍車をかけた。農民たちの負債総額は50万円（15億円換算）にもなった。大正12年春の入植数は430戸とされているが、入植開始からの出入りは延べ1000戸にも達したという（『熊本県郡築小作争議の真相』より）。去るも地獄、残るも地獄であったろう。

日本農民組合の登場

そんな年の3月25日、「高崎正戸」と名乗る人物が郡築にやって来た。この高崎氏こそ郡築小作争議を本格的に燃え上がらせる人物である。労働争議で言うなら「オルグ」（注5）であろう。この時から郡築の闘いはある意味で深化する。政治闘争の色彩が加わったのだ。

注５　オルグ　未組織の大衆・労働者の中に入って、政党や組合などの組織体を作るために働く人。オルガナイザー（organizer）。

高崎氏は明治23年、福岡県宗像郡の生まれで、１９２０年代前半まで九州地方で起きた農民運動のリーダー的な人物だった。日本農民組合（注６）福岡県連合会の代表者となり、九州各地の小作争議に顔を出しては指導を続けていた。郡築に来る直前に九州農民学校を設立し、東京から日本農民組合の組合長・杉山元次郎氏（明治18〈１８８５〉年生まれ）（注７）らを呼んで開校式を行っている。杉山氏は冒頭の「はじめに」に使った『熊本県郡築小作争議の真相』にも賀川豊彦氏と並んで序文を書いており、郡築とは縁が深い。また、高崎氏は農民学校の講演会に、九州水平社の創立にも関わった花山清氏（明治29〈１８９６〉年生まれ）を招いており（注８）、のちに郡築小作争議が農民運動、労働運動、水平社運動と固く手を結ぶ「三角同盟」の素地を作ったオルガナイザーでもあった。

注6　大正11年創立。日本最初の農民組合の統一組織。昭和初期には4800団体が加盟、組合員も5000人を超えた。郡築の他、大阪府の山田争議、岡山県の藤田争議などを指導した。耕作権の確立をスローガンに農民の団結権を主張。一揆的な闘いより、組織的、大衆動員的に取り組むのが特徴。

注7　明治18年大阪生まれ。天王寺農学校在学中に受洗。東北学院神学部を経て仙台、福島の教会で牧師。大阪に帰ったところで賀川豊彦と会い、農民運動に参加。日本農民組合の理事長。労農党、社会党から総選挙に出馬して当選9回。衆議院副議長も務めた。

注8　小西秀隆・福岡工業大学教授、九州史学研究会員の論文「無産政党成立期における地方の動向：福岡県地方の分析」より。

高崎氏は宮崎県清武地方（現宮崎市）で続いていた小作争議を視察した後、郡築に足を延ばす。その夜、郡築の小作人十数人と会い、「地主の（税＝小作料を厳しく取り立てる）苛斂誅求《かれんちゅうきゅう》と公権蹂躙《じゅうりん》とで二十年間暗黒に閉ざされたる情況を心感目睹《しんかんもくと》（目撃）」した（『熊本県郡築小作争議の真相』より）。そして、小作問題を解決するためには全国的な組織をバックにしなければならないことを力説、日本農民組合の綱領を示し、再訪を約束して帰った。まさにアジっ（扇動し）た。ちょうど、この日は農会選挙の日でもあり、先行きを心配していた農民たちを奮い立てさせるには十分な瞬間であったろう。

農民運動家の高崎正戸氏が郡築に来て「何やら話して行った」ことは、八代郡役所、八代警察署にもすぐ伝わった。警察はその意図を聞き回った。「農民組合結成の動きがある」と危険視したのは言うまでもない。そして、農民たちの決心が固いことを知った。

この日から約1カ月後の4月18日、高崎氏は自分の書生である花田重郎氏（福岡県宗像郡生まれ）を伴って郡築に乗り込んで来た（『郡築郷土誌』より）。

4月21日夜、隆法寺の本堂は熱気にあふれた。隆法寺は農民たちからやっと許された。400人の小作人が集まり、「日本農民組合郡築支部」が結成され、花田重郎氏が一時的に支部長に就いた。大講演会で、高崎氏は「この悲惨なる苦境を打開するためには村民の一致団結が必要だ」と訴えた。

この時の模様を『熊本県郡築小作争議の真相』は次のように記している。（一部現

代読みに変えた)

「高崎、花田氏の至誠と熱情にあふれる講演は、生活のどん底に沈淪《ちんりん》(おちぶれる)せる郡築村民に干天に雨を得たる喜悦の情を与え、感極まりて涙を呑みすすり、泣きする声さえ聞こえ、凄惨なる光景を呈したのである。最後に閉会とともに郡築村民と農民組合との万歳を三唱したときは、暗夜を破る万雷の聲《こえ》が実にものすごいものであった」

郡築農民の決起に地主の公益組合側は驚いた。予想以上に固い団結の表れである。しかも、近いうちに日本農民組合の杉山元次郎組合長が八代に来て大講演会を開くという。

翌日には婦人たち500人も隆法寺で高崎氏の檄《げき》に触れ、農民組合への参加を決めた。女性たちも小作争議の前面に躍り出たことは特筆すべきことである。

これらの急激な動きに公益組合も驚き、小作料の1割5分減を宣言したが、時既に遅しであった。

そして、騒ぎが大きくなったころ、ちょうど八代に国粋会九州本部の理事長が劇場建設のために来ていた。理事長は持ち前の義侠《ぎきょう》心を振るって農民と公益組合の「手打ち」を持ち出した。国粋会は2カ月前にも奈良県で起きた差別事件の仲介に乗り出し、水平社団体と衝突していた。だから、郡築争議への介入を知った農民側は「右翼が大挙して押しかける」と大騒ぎになり、八代の水平社員数十人が迎え撃つ準備を始めた。

この場面で水平社団体が登場するのには理由がある。九州では農民運動と水平社運動の連携は、大正12年ごろ福岡の宗像、嘉穂地方の小作争議で行われている。高崎氏も九州農民学校を設立した際、水平社との交流があっており、その縁から八代水平社に応援の連絡要請があっていたのだろう。結局、思惑の行き違いがあって両者の〝激突〟はなかったが、この一面を取ってしてもこのころ郡築小作争議はピリピリとしていたことが分かる。

団結して勢いを得た農民側は、地主の公益組合に次のような要求を突き付けた。

①大正11年度小作料の5割減額
②本年度から向こう5年間小作料の全額免除
③農民に7割の部分権を認めよ

この③の意味は、入植者が使用している開墾地に7割の「所有権」を認めろという主張である。その根拠も簡明だ。まず、今の入植地の地価を一反当たり300円相当(9万円換算)だと見積もった。これに対して地主の郡側が投資したのは海岸の築堤だけで、これを一反当たりに反映すると100円相当(3万円換算)だと見積もった。残りの200円分(6万円換算)は入植者が干拓地の塩抜きや開墾、排水路の敷設、用水確保に努めて農地にしたもので、7割は入植者の努力の結果であると主張した。ここに「部分権=所有権」という考えが生まれた。つまり、「人間の労働力が価値を生み、労働が商品の価値を決める」というカール・マルクス(独の経済学者)の「労働価値説」が込められており、日本農民組合の論理が初めて顔をのぞかせたと言えよう。理論が団結を支える。

地主の公益組合側にすれば「土地の所有権割譲」などとんでもない話である。話がこじれるのは当然だった。農民組合の急激な〝左傾化〟と政友会の強い土地柄が影響して、農民組合は分裂する。50戸の役場派（純農会）と３５０戸の組合派に割れ、この影響は後々まで尾を引く。

組合結成に沸く八代・蛭子座

日本農民組合の郡築支部が発足して２週間後の大正12年５月４日、八代町の蛭子座《えびすざ》で「郡築小作争議批判演説会」が開かれた。

この蛭子座は郡築から２キロ足らずの場所にあり、八代市の旧紺屋町、現在の本町１丁目にあった。もっと詳しく言うと、現「本町アーケード街」近くの前川塘《とも》に沿った遊郭街の東詰めに建ち、裏手にはお寺があった。明治から大正期にかけては八代地区唯一の文化娯楽の殿堂と言われ、演芸のみならず、政談演説会も開かれた。遊郭が廃止されて映画館になったが、昭和３（１９２８）年10月15日、映写技師の喫煙が原因で火事になり、遊郭一帯の14戸を消失、死者4人を出す大火になって映画館は消えた。国粋会対水平社の〝激突〟騒動が大きな関心を呼び、蛭子座の演説会には1000人もの聴衆が詰めかけた。九州農民学校長の高崎正戸氏が口火を切り、郡築の農民たちも次々に登壇、日本農民組合長の杉山元次郎氏は「農民の奮起」を促し、万雷の拍手を受けた（『熊本県郡築小作争議の真相』より）。地元の熱気と興奮は高まった。この席で、日本農民組合への正式加入が決まり、初代の郡築支部長に園田末記氏が、副支部長に南辰次郎氏が就任、執行委員の中に杉谷つもさん（明治20〈1887〉年生まれ）が選ばれた。3人はこの後波乱に満ちた人生を送ることになる。

杉山氏は演説会が終わるとその足で郡築に乗り込み、隆法寺で待っていた400人の婦人団に「強固な団結」を訴えた。郡築小作争議が本格的に始まった時期でもあった。引き返しのできない事態に発展し、地主の公益組合も対抗策に打って出る。

演説会3日後の7日、婦人団は早速行動に移った。八代郡役所に出向き、先の3項目の要求書を突き付けた。杉谷つもさんら6人の代表団が郡長に面会を申し込んだが「逃げられ」、憤懣《ふんまん》やるかたない婦人団は八代神社、松井神社、八幡神社に出向いて

「請願の実現」を祈願した。婦人団の決起はそれだけではない。九州新聞、九州日日新聞の八代支局を訪れ、争議への理解と紙面での応援を求めた。郡役所サイドに立つ政友会系の九州新聞は面食らっただろう。そして、八代高等女学校（戦後に八代高校と統合）を参観して訴えた理屈が際立っていた。

八代高女の運営費は郡の予算で賄われていた。八代郡の大正11年度予算は歳入147万円（44億円換算）のうち、小作料収入は80％に達した。歳出のうち教育費は経常、臨時支出を合わせて16万5000円（約5億円換算）、高等女学校への5万円（1億5000万円換算）と農業学校（後の八代農高）費1万4000円（4200万円換算）。これに補助金も加わり、教育費は実に総支出の11％になっていた。

婦人たちが訴えたかったのは、「学校運営費のもとになっているのは郡築農民の小作料であること」への理解である。言い換えるなら「あなたたちが学んでいる場所は税金で成り立つ学校」であることを知ってほしかった。小作料に困窮した農家から娘の身売りまで出ている現実があった。その小作料で「安穏」と勉学に励んでいる女生徒たちに足元の実情を訴えたかった。それだけ切実でもあった。

争議が長引き大きくなると費用もかかる。ある時、郡築支部は大正12年度分の小作米1万7000俵と自家用合わせて3万俵を売り払い、争議資金に充てた。これは公益組合に打撃を与え、役場は必要な運営資金を銀行から借りるほどだった。

郡築での小作争議が深刻化、泥沼化していると見たのは、治安を預かる熊本県の警察部である。警察は労働運動や農民の水争い、地主との小作争議が集団化することに神経をとがらせた。特に郡築では「外部勢力」の日本農民組合が介入して問題を複雑にしていると懸念した。

農民組合だけではない。水平社の関係者や「五高生（社会思想研究会）が4、5人、代わる代わるやってきて農家に泊まり込み、思想教育に夢中になって社会主義やトルストイ（ロシアの文豪）などの学説を詳しく話して青年たちに感動を与えた。山川均（社会主義者）、徳田球一（共産主義者）の著書を借りては夜遅くまで読み影響を受けた」（上村松生氏の回想より）。五高生の他にも、学生運動の象徴的な存在だった東京帝大の新人会、七高の社会主義研究会、京都の三高からもやってきた。

「これは放っておくわけにはいかん」

熊本県知事は決断する。「警察犯処罰令」に次の4項目を追加して争議の鎮圧を図ろうとした。

一、強いて組合、その他の団体に加入を勧誘し、または故《ゆえ》なく脱退を拒みたる者（但し、法令に依る場合はこの限りにあらず）
二、故なく他人の業務に干渉し、または紛議に関与し、もしくは扇動したる者
三、紛議に関し、多数連行して交渉し、またはこれを扇動したる者
四、小学児童の同盟休校をなさしめ、またはその勧誘、もしくは決議をなしたる者――。

これらを見聞きしたら即刻、中止、退去、検束を可能にした。相当な締め付けである。

強烈だったのは園田支部長への圧力。八代警察署は処罰令の第一項を持ち出し、「郡築農民に組合加入を強要、受け入れなければ葬儀の手伝いをしない」と虚偽の告

発状を作りたて、7日間の検束勾留をした。園田支部長は驚いて八代区裁判所に不服申し立てをし、裁判では無罪を勝ち取った。福岡から来ていた高崎、花田両氏も身動きが取れなくなった。2項目に抵触する恐れがあったためである。花田氏も拘留10日間の即決処分に遭った。これも異議申し立てをし、一審の八代区裁判所は無罪、二審の熊本地裁は有罪、大審院でひっくり返り無罪を勝ち取った。

公益組合は追い打ちをかける。業を煮やしたのであろう、園田支部長ら小作人14人に対して、「農地を貸すのはやめた」と賃貸契約の解除を通告、これを無視されると今度は「土地明け渡し」と「借地料米請求」の訴訟を起こした。争議は泥沼の様相を見せ始めた。

「立毛《たちげ》仮差し押さえ」という法的手段も飛び出した。これは稲穂がまだ十分実る前の時期に差し押さえて、農民に自由に刈り取らせないやり方である。この差し押さえには公益組合側の弁護士、裁判所の執行官3人がやってきたが、14人分もの田んぼを差し押さえることは不可能だ。倉庫もないし、夜も昼も田んぼを見張っているわけにはいかない。あきらめた。

争議はその後も続き、ささいなことで農民が警察に拘留され、裁判には大勢が応援に駆け付けて警察とにらみ合いになった。傷害事件として有罪になると熊本刑務所に収監されたが、八代駅では郡築農民1000人が見送りに詰めかけた。まるで英雄を送るような光景であった。

このように、大正12年は慌ただしかった。最大のトピックは10月2日、当時の農民運動をリードする賀川豊彦氏がやって来たことであろう。杉山氏と並んで日本農民組合の二枚看板である。蛭子座で開かれた「郡築小作争議批判演説会」は入場料を取るまでに評判を呼び、会場は超満員になった。賀川氏が地主の横暴を厳しく批判したのは言うまでもない。実は、賀川氏が来た演説会には八代中学の〝進歩的〟な4年生がひそかに紛れ込んでいた。しかし、この勇敢な行動も「平素社会主義にかぶれており、過激な言論に喝采を送った」として危険視され、生徒は参加がばれて諭旨退学になった（『八高百年史』より）。当局はこの集会の政治性を危ぶんでいたのである。

賀川氏はその足で郡築に向かい、農民と懇談した。郡築で一泊した後、翌日は雨にもかかわらず、村を出るまで5里（20キロ）の道路を農民たちが半日で大掃除して見送ったというエピソードが残っている。

その賀川氏に伴ってやって来たのが、アメリカ人宣教師、エリザベス・キルバン氏（明治22〈1889〉年生まれ）である。アメリカ・フィラデルフィア生まれで、30歳の時、プロテスタント系メソジスト教会の宣教師として来日。5年間、熊本市の三年坂（現中央区安政町・蔦屋書店裏通り）にあった教会に勤務している（現在は同市中央区九品寺の熊本白川教会）。賀川氏と郡築を訪れた時、そのあまりに気の毒な状態を見るに見かねて翌年の1月20日、車に毛糸やネル木綿、裁縫道具を満載し、それに滞在1週間中の食事も持って再訪した。隆法寺が教室になり、終日、郡築の女性たちに編み物、裁縫を教えた。「久しく愛に飢えていた女性たちは慈母のように感謝した」。キルバン氏は大変な親日家で、第二次大戦中も帰国せず、4年間の抑留生活を送る。その無理がたたって昭和21（1946）年12月20日、亡くなった。享年57（『女性史研究第14集』、光永洋子）。

水平社運動との連携

小作争議は公益組合、農民側が一歩も引かないまま大正13年を迎えた。春。

2月29日から3月1日までの2日間、大阪で日本農民組合の第三回全国大会が開かれた。郡築支部からは園田支部長らに混じって婦人部代表の杉谷つもさんも参加した。この「つも」の生きざまについては、前出の内田敬介氏が評伝風に細かくまとめ、八代の学校では郡築小作争議を理解する教材にも使われた。

農民組合の大会初日には農民の心意気を示そうと大阪市内で「示威行列」を行った。デモである。デモの集合地、中之島公園には全国24府県からの農民1500人が続々と集まり、警察は物々しい警備態勢を敷いた。入口で一人ひとり首実検をし、「血と汗の結晶」と書いたのぼりは没収された。賀川豊彦氏もデモに加わっていた。公園から大会会場の天王寺公会堂までの間、九州連合会の先頭に立ったのは杉谷つもさん

大正13年、大阪の天王寺公会堂で開かれた日本農民組合で演説する「杉谷つも」、円内も。(『郡築郷土誌』より)

だった(大阪朝日新聞より)。つもさんはある思いを秘めていた。

午後からの全国大会では、杉山元次郎組合長など全国から参加した都道府県連の幹部がそれぞれ檄を飛ばした。労働組合代表に続いて登壇したのが水平社の米田富氏(明治34〈1901〉年生まれ)。奈良県出身で、同郷の西光万吉(明治28〈1895〉年生まれ)とともに水平社創立に参画した部落解放運動の活動家である。小作人と被差別部落の人々は、ともに抑圧と被差別で重なることが多く、農民運動でも連帯して闘うことが多かった。米田氏も日本農民組合奈良県連合会の役員に就任しており、「農民運動との共同戦線」を強くアピールした。

夕刻、天王寺公会堂で大会記念の「大演説会」が開かれた。ここに登壇したのが杉谷つもさんである。秘めたる思いを吐き出した。大阪朝日新聞はこの時の模様を次のように伝えている。

（見出し）力強い覚醒の叫び　〝百姓の世になるまで女だって負けてゐぬ〟
（本文）今、私一人の腕で親子四人やっと生きています。一町歩の田と二反の畑を作っているが、一反の田から採れる一石六斗のうち年貢に九斗四升取られます。残りの六斗六升分は肥料代に消えます。裏作の麦とイ草でやっと暮らすのですが、地主が郡役所だから一厘《りん》も（年貢を）負けてくれません。長年の争議で辛苦が身に沁みましたが勝たねばなりません。

また、大阪毎日新聞は、〝冷や飯草履（藁草履）の「おはぐろ」演説〟として書いている。ここでは「杉谷いそ」としているが、つもさんのことである。和服に黒足袋《たび》、藁草履の姿が凛々しくも痛ましく映ったのだろう、背中に悲痛な空気が漂う二段の写真付きである。

「演壇で柳眉《りゅうび》を逆立て、歯を食いしばって大変な剣幕で話す姿」（大阪朝日新聞）に聴衆は大きな感銘を受けた。

実は、この杉谷つもさんの悲痛な演説は、田辺義道氏がアドバイスをしたものだと家族が聞いていた。当時、大阪で警察官をしていた義道氏は郡築から来た旧友たちとひそかに会っていた。大阪府警は日本農民組合の全国大会に大量の警察官を警備に出動させていたが、義道氏は抜け出していたのだろう。その際、つもさんから演説内容の相談を受け、下書きを作ってやったという。この秘話は後年、義道氏の娘・タヤ子さん（昭和3年2月19日生）が義道氏から直接聞いており、郡築で杉谷つものことが話題になると、家族の中で話していた（義道氏の孫・洋之氏談）。

さらに、つもさんは楽屋で語っている。

「郡築の百姓がどんなに困っているかということは、小作料を納めるために大事な娘を（遊女に）売った人が2人もあることでお分かりになると思います。一人は三百円で、一人は四百五十円で福岡に身を沈めました。娘は田んぼで手伝いをしている最中に泥足のままで連れていかれました。これも地主が非道に小作料を取るからです。先日は八代の女学校へ参観に行きましたが、ここが娘を売ってまで払った小作料で建っている学校だと思うと、胸が一杯になって、〝良妻賢母がなんだ〟と怒鳴りました」

この「娘の身売り話」は賀川豊彦が『沈まざる太陽』（注9）（第一書房）との表題で小説にしている。また、作家の住井すゑ（明治35〈1902〉年生まれ）は『橋のない川』（新潮社）の「第六部」（注10）の項で、杉谷つもさんを「杉岡いそ」として登場させ、全日本農民組合大会の模様と娘の身売り話を作中に使っている。

注9　昭和14（1939）年作。「有明湾は鼠色に濁っていたー」で始まり、主人公は

14歳の「田村よしこ」。阿蘇・宮地村から入植してきた父が脳卒中で倒れ、母は腎臓炎。兄も入院代が重なり、家庭は困窮。進学をあきらめ大阪へ就職、そこへ「父が危篤」の（偽り）電報が入り、慌てて帰宅すると「身売り話」が待っていた。長崎へ連れられて行くも「貸座敷屋」（遊郭）と分かって逃げ出し、東京の結核療養所で偽名を使って看護婦として働く。出会った牧師の手引きで兄と十年ぶりに再会、「心の中の太陽は沈みません」との言葉を残して力強く生きて行く。（国立国会図書館、賀川豊彦記念松沢資料館蔵）

注10　部落問題を正面に据えた作品として昭和36（1961）年に第1部、平成4（1992）年に第7部まで続いた大河小説。第6部で主人公・孝二は日本農民組合の全国大会の様子を新聞で読み、胸が高まる。杉岡いその「娘の身売り話」には胸が締め付けられ、大会の模様は「そのまま孝二たちの情感でもあった」。そして「日本農民組合の大会は、労働組合と、農民組合と、水平社の三つが手を組んだみたいなもんです。この三つは汗を流して働いている連中だすもんなぁ」と描く。

日本農民組合の全国大会が開かれた2日後、京都の岡崎公会堂では第三回の全国水平社大会が開かれた。農民組合大会への出席者も多かっただけに大会日程は調整されたのだろう。

こうした動きを田辺義道氏も細かくつかんでいたと思われる。農民団体と水平社団体の連帯は宗教者としての義道氏の心持ちに大きく影響を受けることになった。また、大阪に来た2年前にはこんなこともあっていた。日本農民組合創立大会の1カ月前である。

大正11年3月3日、同じ京都の岡崎公会堂で開かれた「全国水平社創立大会」では、浄土真宗本願寺派の僧侶・西光万吉が起草した「水平社宣言」が行われ、わが国初の人権宣言となった。付随して大会決議案が採決されたが、その一つは異例にも東西本願寺に向けられたものだった。その趣旨は、

「部落民の絶対多数を門信徒とする東西両本願寺に対して募財拒絶を断行し、この際我々の運動に対して抱蔵《ほうぞう》（うちに持っている）する赤裸々な意見を聴取し、その回答により、機宜《きぎ》（時宜を得た措置）の行動をとる事」

だった。翌日、大会参加者は両本願寺に出向き、厳しく迫った。日本の被差別部落の人々は、親鸞聖人の説く「平等精神」を信じて多くが門信徒となった。それなのに、両本願寺は親鸞聖人の教義を果たしていないと問い詰めた。そればかりか、募金の多寡によって寺院の位階を決め、部落民を苦しめている、よって募財活動を拒否すると訴えた。本願寺側は「深い反省」を述べ、今後の活動に水平社宣言の意義を果たすと約束した（『至高の人　西光万吉』宮橋國臣著、『日本農民運動史』）。このようないきさつがあり、宗教人の行動もまた、再確認を迫られた。この後、大谷派には「真身会」が、本願寺派には「一如会」が組織化されて部落解放運動に取り組むことになった。両教団が今も「同朋運動」に力を入れているのもこのことがきっかけだ。

また、第2回の水平社大会では議案の一つに以下のことも盛り込まれた。

「農村に在りては農民組合を設置する件——水平社同人をもって更に農民組合組織を作り、水平運動を背景として地主と対抗せんとするにあり」

大阪にいた義道氏もこれらのことを僧侶として見聞きしたであろう。

開墾権の獲得ならず

郡築の小作争議は大詰めを迎えていた。3年に及ぶ争議で農民は疲れていた。農民組合の分派活動があったり、公益組合による農地への立ち入り禁止や立毛差し押さえ、教師による運動への〝国賊〟発言が重なったりと、事態はこじれ続けた。干拓請負師による調停が持ち上がり、一時は手打ちになるかと思われたが、妥協派と強硬派で意見が合わず、話はもつれた。農民側にすれば、大正12年に公益組合に突き付けた小作料の減免や干拓地の部分権獲得など〝三カ条〟の要求項目を実現することが最低の条件である。

公益組合、農民組合双方から解決案が出たものの不調に終わった。そして、大正13年9月3日に、

一、小作料は大正13年より向こう5年間毎年玄米1万1000俵とし、内1000俵（金1万3000円）は毎年肥料代として交付すること。但し、肥料代は納入前天引きとし、故に小作人よりの支払額は毎年1万俵。

一、開墾費の件は双方協調の上、無条件保留とする

など6項目の解決案が出されたが、これもまた農民側が異議申し立てをし、対して公益組合側が大正14（1925）年に再び小作料未納者の「立毛差し押さえ」を提訴、認められた。解決寸前まで行っての破綻に「農民側のエネルギーも消耗寸前」になった（『郡築百年史』より）。この年、水稲の病害虫が治まり、豊作が見込まれたのも心理的に余裕を持たせた。

結局、次のような追加の解決事項が示され、終幕へ動き出す――。

一、農民組合は解散する。組合旗は村長に引き渡す。

一、大正13年度末までの小作料未納米と14年度小作料は即納すること。

これが最終解決案になった。おおまかに見ると、「小作料の5年間減額」は勝ち取ったものの、「干拓地の割譲」は実現できなかった。加えて、農民組合の解散や農民旗の譲渡が含まれ、『郡築百年史』は「郡築農民組合側の敗北に終わった」と総括している。『熊本県郡築小作争議の真相』も書き連ねているのはここまでである。

大正14年12月30日、村役場で両者による和解条件を記した「公正証書」が作られ、裁判所の公証人が確認した。19条からなる公正証書は読み上げられ、文章は双方署名捺印して確定した。

第一次郡築小作争議は、こうして終着したが、解決案にうたわれた「5年」後から、郡築に再び争議が持ち上がる。威力を発揮するのは「公正証書」である。

第3章　第二次紛争勃発

僧侶登場「死力を尽くして」

大正天皇が亡くなる直前、田辺一家は約3年暮らした浪速の街を離れて郡築に帰って来た。この時、義道氏32歳。この日から嵐のような日々が待ち受けていた。

住職をしていた父・福惠は事情があって隆法寺を離れた。このことも帰郷する決断になったようだ。郡築では坊守の母・エジュを手伝ってお寺の維持に努め、合間を縫って農作業に汗を流していた。妻・みどりとの間に生まれた長男（昭和15年、21歳で死亡）は順調に成長していたが、生まれたばかりだった次男を大正12年、大阪で亡くしていた。1歳だった。

大正12年に作られた「郡築村農民組合会員名簿」には、田辺家（隆法寺）の名前はないから、このころはお寺として争議への関与を手控えていたとみられる(『熊本県郡築小作争議の真相』より)。

小作争議も終結し、表向きは平穏な郡築を装っていた。昭和3年には長女タヤ子が生まれた。だが、法要や葬儀で地域を回るうち、どの家庭も高い年貢と苦しい農業に疲れ、内情は火の車であることが見えて来た。訪れたらおのずと愚痴を聞かされ、相談事が持ち掛けられた。隆法寺を訪れる門徒も増えてきた。正義感が強く、気風もいい行動的な義道氏に衆望が集まり出したのは当然の帰結だった。僧侶としてこれらの苦境を「見て見ぬふり」はできなかったし、宗教者の本分としても「今こそ衆生とともに歩く」ことが求められていると、立ち上がったのである。

このころ、全国で頻発した小作争議への対策として、政府は「自作農創設維持規制」(大正15年公布)という法律を作り、紛争の解決を目指した。言うなれば、小作地を農民に買い上げさせ、自作農に転換させようという制度である。

買い上げるための貸付金制度を設け、農地の登録税を免除する仕組みも作った。現実に政策を推進するためには農地の評価額の決め方から、資金の手当てまで話し合いが必要になる。郡築でも昭和2（1927）年、地主側に立つ当時の村長が中心になって「自作農委員会」を作り、積極的に研究を進めた。「自作農期成同盟」も出来た。メンバーも村長派が中心である。話はどんどん進み、郡築全体の一括買い上げ価格235万円（70億円換算）、返済期間35年、年間利子4分8厘との基準が一方的に決まりそうになった。ことに農民との話し合いになった協議会には八代警察署の署長自ら後方に陣取り、にらみを利かせた。「反対するな」という威嚇である。この臨席がのちに問題化する。

「村長が旗振り役では不公平だ、自分たちの意見が通らない」

農民組合側は、対抗して「自作農創設研究会」を立ち上げた。昭和3年10月のことである。この研究会の会長に「学識がある」として僧侶の田辺義道氏が就任、以降に続く第二次郡築小作争議のリーダーとしての登壇になった。35歳、波乱の船出である。

田辺氏らは村長派の委員会に異議申し立てを突き付けた。

「われわれは全財産を注ぎ込んで入植してきたが、いまだに生活は上向かず困難にあえいでいる。苦しさから逃れようと転居したり、海外移住をした人もいるのに現実を無視した安易な条件を設定したりするのは許されない。われわれの買い取り価格は上限で200万円（60億円換算）、これ以上は絶対譲れない。しかも、説明会の場に警察官が臨席するとは脅しではないか」

買い取りの差は35万円（10億5000万円換算）、第一次小作争議で「部分権」（所有権）獲得は悲願だっただけに根拠を盾にした異議申し立てになった。これによって打開策は閉ざされ、結局、自作農を推進する計画はとん挫した。

また、紛争の早期解決を狙って小作調停法が作られ、調停機関が斡旋《あっせん》に乗り出す制度にもなっていたが、調停委員に農民側の姿はなく、あまり信用されなかった。しかし、農民側はこの機能を以後の話し合いに最大限利用する。

逮捕、罰金80円

それより、もっと切実な問題が迫っていた。第一次小作争議の解決案にあった「①大正13年から5年間の小作料の3割減免措置、②大正12年度分の未納小作料10年払い、

③『①②』が完結したら公益組合から毎年肥料資金2万3000円を交付する」の期限が刻々と近づいていたのだ。5年間の猶予期間まであと1年しかない。それなのに農家の苦しい状況は少しも改善していなかった。

「以前の解決案をもとに今後も減免を延長してもらおう」

この考えは農民組合に広く共通し、昭和4年9月21日に村民大会を開き、公益組合へ小作料の「延長請願」を決めた。猶予期間はあと3カ月半しかない。この時点から第二次郡築小作争議が事実上勃発、郡築村はいり豆状態が続く。この村民大会から解決するまでの1年半、公益組合は矢継ぎ早に裁判闘争に持ち込み、田辺義道氏を領導にした農民組合は団結を力に智慧を駆使して闘い続ける。まさに〝死力を尽くして〟の闘いになった。

争議が渦中に入る中、昭和4年12月に田辺氏は父に代わって隆法寺の「住職」に就いた。

闘いの焦点は、農民側が「小作料の減免延長と部分権（開墾権）の獲得」。対する公益組合は「小作料の完納と（未納者の）入植地の明け渡し」である。

裁判は解決するまでの間、おおまかに分けて7回にわたる法廷闘争が基本になる。その一つ一つに勝敗、控訴、上告、仮差し押さえ、立ち入り禁止、執行停止、調停など裁判独自の制度が絡み、中には同時並行や提訴の取り下げ、和解による裁判消滅まであった。加えて農民側の異議申し立てや実力抵抗、逮捕騒動、青年・婦人部の活動、村外からの支援など外部要因が折り重なって動き全体が複雑になり、成り行きを理解するのに極めてややこしい状態が続く。郡築小作争議関係で残された膨大な資料もそれぞれの視点で描かれているため、以降は可能な限り整理しながら進める。

まず、農民が手始めに行ったのが、徴収延期を求める請願委員の選任。44人を選出し、委員長には村長が就任した。郡築全農民を代表する委員長のように見えたが、実はここに当時の八代の政界事情が絡み、村長は〝政友会〟色の強い人物だった。当然ながら村民も政友会、民政党の派閥に彩られ、問題の行方を複雑にする。

明けて昭和5（1930）年。第一次小作争議の解決案は5年間の期限が切れ、双方とも待ったなしの状態を迎える。

小作料の減免請願に対して公益組合はにべなく拒否、小作料は契約どおり「元に戻

全国農民組合組織準備のため隆法寺に集結した争議団員
(田辺義道氏蔵、資料集より)

す」と回答し、即刻「小作料納付通知書」を発送する強硬姿勢を見せた。1月11日には郡築小学校を会場に村民大会が開かれ、農民側は「要求貫徹」を決めた。1週間後には隆法寺で「小作調停大演説会」が開かれた。この演説会には郡築小作争議の火付け役ともなった日本農民組合の高崎正戸氏らがやって来た。高崎氏は小作調停の強力運用を力説した。隆法寺は文字どおり「闘争本部」になり、お寺は一気に慌ただしくなった。事態は風雲急を告げる。

農民組合の強硬姿勢を読んだ公益組

合は「完納から1割減免」へと条件を変更したため、村長が弱腰になる兆候が見られた。農民たちは村長の自宅に押しかけて翻意を迫り、ついには「委員長解任」まで決めた。次いで、第一次小作争議の時に村長に預けていた「農民組合旗」の返還を求めた。村長はこれを拒否した。この時点で農民側は村長派と強硬派に分裂した。

強硬派の農民たちは腹をくくる。第一次争議で解散した農民組合を再び結成、田辺義道氏が委員長に就任し、のちには全国組織の郡築支部を名乗ることになる。もう後には引けなくなった。

だが、公益組合は強硬だ。奥の手として、実力行使に出る。2月3日、「小作料を納めないなら」との理由で、農民組合の17人に対して「籾《もみ》の仮差し押さえ」に乗り出した。これが、「第一次差し押さえ事件」、法廷闘争の始まりになった。

田辺氏たちは直ちに次の手を打った。熊本地裁八代支部に小作調停の申し立てを行う。しかし、この間にも差し押さえが行われようとした。公益組合が強気に出るのには根拠があった。それは、第一次小作争議を解決させる時に「公正証書」を作り、表向きは双方納得した形になっていた。19条からなる公正証書の中で、小作人側に厳しい項目が幾つも入っていた。以下、カタカナ入りの箇条書きを現代風に改め、主なものを列挙する。

○第13条　賃借人が死亡したらその日に契約は終了し、別段手続きがなくても農地は公益組合に戻す。
○第15条　契約期間が満了して公益組合から通知した場合、その土地の所有権は別段の引き渡し手続きなしに公益組合に戻る。
○第17条　小作料の納入を怠るときは直ちに強制執行を受けるべし。
○第18条　強制執行の場合、小作人及び保証人が玄米を持っていないときは、双方の財産を競売にかけ、その代金をもって小作料にする。

小作争議の解決を急いでいたのだろう。「まさに驚くべき過酷な公正証書だ」と解説しているのは「近代化のための農民戦争―熊本県、郡築小作争議（第二次）の顛末記」（「拓殖大学海外事情研究書Ｎｏ・７」）で指摘した細貝大次郎・拓大名誉教授である。

公正証書があれば小作人側も文句は言えない。仕方なく一部前納した組合員もいて差し押さえを免れたが、8人には直ちに執行された。差し押さえの日、農民たちは執行官に抗議の姿勢を示したが、聞き入れられるはずもない。これに対して田辺氏たちは熊本地裁に「差し押さえの無効確認」訴訟を起こした。応酬である。

この無効確認訴訟の訴状に注目すべき主張がある。

「あの時、農民は窮状に迫られ、解決を急ぐあまり内容もよく理解できないまま公正証書に同意した。これは契約の自由を蹂躙し、公序良俗に反する証書だ。しかも、差し押さえの個別対象のみならず、対象の価格算定方法も全く決めていない」

確かにそうだ。あの時、農民側は解決を急がされ、公正証書の中身を細かく吟味することもなく同意した。しかも、差し押さえる方法、物件、価格まで決めていないおおまかなもので、「これでは公益組合のやりたい放題だ」と気づいた。

こうした主張をしつこく主張するため仮差し押さえは進まず、結論は翌年の紛争解決まで持ち越した。農民側は粘った。

公益組合は仮差し押さえがもくろみどおりに運ばないのを見て、仮差し押さえから転換、公正証書に基づく強制執行に乗り出した。これが「第一次強制執行事件」である。2月10日に執行、農民側は八代区裁判所に異議申し立てを行った。次いで、公益組合は10日後の2月21日に「第二次強制執行」を求め、矢継ぎ早の法廷闘争になった。この時点で「公正証書」の問題点はまだ結論が出ていない。「仮差し押さえ無効確認」の審理途中である。

このように、裁判は幾つもが並行審理で進んでいた。

田辺氏たちは農民170人が熊本県庁に出向いて紛争解決のための陳情も行うなど精力的に闘いを進めていたが、裁判で敗訴、抗告をする中で知恵を絞った。差し押さえられた中に、「端米《はしまい》」（くず米）と不動産が含まれていた。農家の貴重な動力源である「飼い馬」も含まれていたという。強制執行の主眼は籾・玄米だけである。ここに目を付け、「目的外の余分な物を差し押さえている」と主張。「違法な強制執行である」と訴えた。これが裁判長に認められて実質的に勝った。のちに大審院でも勝訴した。強制執行の小さなミスが公益組合の足元を掬《すく》ったのである。

公益組合は異議申し立てをしたが、農民組合派も相次ぐ裁判沙汰に精力を使い、少なからず痛手を伴った。混沌《こんとん》とする中で、公益組合は裁判とは別に郡築の全農民に対して本来の小作料納入の日付を設定、4月5日がその期限だった。この請求に対して村長派は納入の動きを見せ、組合側は納米阻止運動を繰り広げるなど、農民同士のせめぎ合いも続いていた。地主対小作人の争いなのに農民同士が争うとは、実に不幸なことである。

「係争中なのに納入を迫るとは何事か。説明せよ！」

期限日の5日、田辺氏を先頭に百数十人が村助役の家に押しかけた。このころから田辺氏はますます行動的になる。完全に争議団を主導する立場になった。助役はちょうどその時間、近くの理髪店で散髪中で、危険を察知して店の2階に隠れ難を逃れた。だが、これを聞きつけた村長派の農民が「助役を救え」と詰めかけ、衝突した。双方入り乱れての騒ぎになる。屋内にあった火箸で村長派の農民がたたかれ、負傷した。不穏な空気を警戒していた八代警察署は署員十数人を現場に派遣、駆け付けると負傷者も出ている。騒動を直ちに抑え、暴行罪で田辺氏ら関係者を検束（注11）した。

注11　現代の「逮捕」は、現行犯と緊急時以外は裁判官から令状を受けて執行、身柄を拘束できるが、旧行政執行法では警察官がその場の状況を独自に判断して対象者の身体、自由を拘束、警察署に留置することができた。身柄拘束は翌日夕刻まで。労働運動、思想運動に予防検束として乱用されることがあり、昭和22（1947）年に廃止された。

この時の模様を政友会系の「九州新聞」は、農民組合側を「跳梁跋扈《ちょうりょうばっこ》する暴行団の乱暴」と非難（7日付）、対する民政党系の「九州日日新聞」は「先に手を出したのは村長派農民」と書いた（8日付）。両紙の小作争議に対するスタンスがうかがえる。

乱闘で検束された双方数十人のうち、田辺氏ら農民組合員9人が八代署に暴行傷害罪で留置された。火箸でたたかれた村長派の農民は全治1週間のけがと診断された。乱闘の場合、刑事事件処理では双方が殴り合っているので、両者を被疑者、つまり相《あい》被疑《ひぎ》として刑事罰に問われることが多いが、この場合、処罰の対象になったのは農民組合側だけだった。これを見ても警察は農民組合に厳しい姿勢を取っていたことが分かる。警察の取り調べ調書でも、組合派の農民を「田辺一派」と表現、ここにも組合派に対する先入観が見られる。

また、調書ではそれぞれの肩書に「平民・〇〇」と付いている。明治4（1871）年の被差別部落に向けた「解放令」では賤民呼称を廃止してすべからく「平民」にしたのだが、時代が下ってもまだまだ「賤民意識」は根強く、官庁の一部にはわざわざ「平民」と書き込む意識が残っていたのだろう。警察での調書と検察官の取り調べでもそのまま「平民」の表現が残っており、その意識を裏付けている。

ここで登場するのが婦人団である。田辺組合長の妻・みどり夫人を先頭に農民組合派の30人がもんぺ、藁草履姿で八代町の中央にある八代署に押しかけた。「夫や息子を早く釈放してほしい」と嘆願した。お寺の若坊守さんまでが争議に関心を寄せての行動力には、この争議の「団結力」が現れている。警察もむげに追い返すわけには行かない。警察幹部が自ら応対して「取り調べが済んだらすぐに返す」と説得した。婦人団はこの後の争議でも重要な役割を果たす。

事件の公判は20日後の4月26日、八代区裁判所で開かれ、廷内は郡築から来た農民でいっぱいになった。あふれて裁判所の外にたたずむ農民もいて関心は高かった。検察官は「多数を頼んでの暴行は社会の人心を悪化させるものである。極刑もやむを得ない」と論告。対して弁護人は「極刑は地主と小作人の関係をますます悪化させる」と述べて裁判長に「寛大な処分」を要望した。

裁判長は田辺氏に被告人質問をした。

—裁判長　何のために助役宅に押しかけたのか。

—田辺　われわれは小作地の部分権（入植所有権）を獲得する要求を続けていたのに、村長たちが『従来の小作料負担割合だけを請願した』と新聞で見たので、われわれの主張を台なしにしたと思った。その根拠をただすためであり、『われわれは大審院まで闘う』との決意を伝えた。

このようなやりとりを田辺氏は法廷で延々と主張、自分たちの行動の正当性を裁判長に訴えた。弁護人が慌てて答弁を遮る場面もあり、見守った郡築の仲間たちは気力を満面に打ち出して弁論を続ける田辺氏の姿にますます信頼をあつくした。

検察側は田辺氏ら4人を首謀者として懲役6月、残り4人には懲役4月を求刑した。

事件当日に検束されたのは9人だったが、論告公判では8人になっているから、1人は取り調べ中に不起訴になったものと思われる。また、「極刑」とはかなり大袈裟《げさ》な表現だが、この場合は「実刑」であろう。

判決言い渡しは4月30日に行われ、田辺氏ともう1人が罰金80円（24万円換算）、残り6人は70円（21万円）から60円（18万円）の罰金刑だった。裁判長は暴行の事実は認定したが、実刑、執行猶予にするまでもなく、罰金刑で済ませた。

ところで、田辺氏に関する警察調書で興味深い点がある。調書では、田辺氏のことを「平民僧侶・田辺義道」としながら、一方ではその職業を「売薬業」とも書いているのだ。

これはいったい――。

その答えは、田辺氏の母・エジュさんにある。自分で薬を作る知識を持ち、坊守の傍ら、製薬業を営んでいたようだ。その関係で田辺氏は「売薬業」をして家計を助けていた。隆法寺には薬袋が残っており、その一つには赤枠囲みで「官許」とあり、公にも認められた仕事だった。薬袋の名前は「晋秘丸《しんぴ》」。発売元として「本舗　松壽軒《しょうじゅ》田邊謹製」とある。「松壽」は隆法寺の山号で、住所は「熊本縣肥後國郡築村八番割」とあるから現在地だ。その効能として「リウマチ、神経痛、脚気《かっけ》にも効く」としている。値段は「壹圓《いちえん》」（3000円換算）。もう一つの袋には「疝應丸《せんおう》」、「疝氣一切の妙薬」とある。90銭（2700円）。漢方薬のようなものだったのだろう。

これに、田辺氏の名義で熊本県から「売薬免許証」が発行されている。公印付きで、「右売薬発売ヲ免許ス」とある。まず、明治33年、エジュさんに許可が下り、昭和13年に田辺氏に名義が変わった。暴行事件で逮捕された昭和5年の尋問調書で「売薬業」と名乗っているのはお寺の家業に励む一方で、薬売りもしていたのか。こうした健康に関する副業も衆望を集める一つの要素になっていたようだ。

本論に戻る。

強制執行に乗り出す地主側

強制執行がもくろみどおりに進まないのを見て、公益組合は「第三次強制執行」に乗り出す。先の強制執行で籾・玄米以外に農民の不動産を差し押さえたのが裁判所に否定されたため、新しい徴収手段を編み出した。それは、押収しても既定の小作料分が不足する場合は「麦の立毛《たちげ》」を追加して差し押さえようとのもくろみである。ちょうどこの時期は麦秋、農家の育てた麦の穂が実り、収穫期に当たる。差し押さえた麦の競売で得た代金を小作料の不足分に充当する考えだ。これも公正証書の文言に従っている。

5月5、6日午前6時、田辺氏ら組合派60人に対する第三次強制執行が始まった。執行するための要員も物々しい。熊本地方裁判所、八代区裁判所からの執達吏《しったつり》16人に人夫40人、馬車14台、それに執行妨害を警戒するため八代警察署長以下八代警察署員を中心に、松橋、川尻警察署からも応援を得て計50人が動員された。春先の干拓地に

昭和5年5月6日付で、郡築村八番割の農家小作地に立てられた裁判所からの立ち入り禁止立て看板

昭和5年6月7日、麦の立毛差し押さえに対して威圧する農民たち（上、下の写真とも田辺義道氏蔵、資料集より）

トゲトゲしい空気が流れた。

公益組合の意気込みが実を結んで58人分の強制執行は午前10時には済んだ。ところが、田辺氏（1町2反＝1・2㌶）ともう一人の農家の分（1町5反＝1・5㌶）まで来たところで執行が止まった。偶然にもちょうどこの日、第一次強制執行の時に「籾・玄米」以外の不動産差し押さえはまかりならぬとの判断に対して、公益組合は異議申し立てをしていたが、正式に公益組合の敗訴が決まった。このため、公益組合は「5、6日に差し押さえた分にも異議申し立てがあれば負ける」と判断。急きょ方針を転換し、田辺氏らへの直接の差し押さえをいったん中止。5月14日、「動産仮差し押さえ」の手続きを取り、さらに「換価命令」を申し立てた。この場合の法律的手続きを分かりやすく言うと、畑にある「麦立毛」だけの直接収用なら何円に換算できるか不明である。だから、刈り取った麦を脱穀して競売にかけ、その代金を未納小作料に充当しようというやり方だ。執行の手続きを厳密に執り行うということか。

この日の強制執行の実際について、13日付の「九州日報」（注12）が生々しく書いている。

「(執行を受けた）農家の一人は農作業に出て不在だったが、執行官たちは玄関の錠をこじ開けて侵入し、ドシドシと財産物を押収した。その他5人にも同様手段を使い、別の農家では養鶏10羽を処分、卵6個を食べた。ある農家では土蔵にあった酒甕《かめ》を持ち出して飲酒した」

執行官たちは興奮もあったろうが、少し荒っぽ過ぎた。強制執行は激しく行われ、これらを目撃した農家の人たちは心底怒った。

注12　明治20年創刊の福岡市に本社を置く日刊紙。玄洋社系新聞「福陵社」がルーツ。九州一円で販売、明治31（1898）年に九州日報に改題、のちに福岡日日新聞と合併して西日本新聞になった。

5月18日、公益組合は農家の同意を得て刈り取った麦の競売を行った。ところが、競売にかかった麦は思惑を外れ、いずれもが半値でしか落札されない。それはそうだろう、落札者に「強制執行麦」として足元を見られたのだ。さらに追加の立毛刈り取

田辺家の小作地に植えられた麦が強制執行の対象になり、
これを阻止するため鎌を研いで待ち受ける農民たち
（以下の写真3点はいずれも田辺義道氏蔵、資料集より）

強制執行の執達吏が来たのを追い返すために集まった争議団員

強制執行の執達吏を警戒監視するために立てられた警戒番小屋

りが必要になった。しかも、田辺氏と農民組合の副委員長は立毛刈りはもとより、競売も拒否、公益組合は新たな手段が必要になった。

一方で、小作人への農地の貸し出し期限は5月末に迫っていた。この手続きの改定も迫られていた。次々に課題が出てくる。忙しくなった公益組合は「換価命令」と同時に、緩やかな執行措置としてまたも「仮差し押さえ」の措置を取った。田辺氏ら2人への執行で抜かりがあってはならぬ、と準備は万端である。

雨が降って1日延びたが、5月25日、いよいよ強制執行が始まった。この時、公益組合は青年団、在郷軍人会50人の応援を求めて麦の刈り取りを始めた。当初は500人規模での刈り取りも考えたが、「それではあまりに大袈裟過ぎる」と警察からの忠告もあり規模を縮小した。競売を拒否したうちの一人の農家に対する刈り取りは比較的スムーズに済んだが、田辺氏の麦畑になった途端、強烈な抵抗が待っていた。

農民組合の数十人が大挙現れ、中には鎌、こん棒を持って待ち構えている。一触即発。公益組合の青年団には「帰れ！帰れ！」と罵詈《ばり》雑言、あらんかぎりの大声でののしった。熊本市からも応援団が駆け付けていた。部落解放運動家の宮村又八氏（注13）らが抵抗戦線の前面に立ち、麦の刈り取りに必死の抵抗を続ける。宮村氏ら9人は八代警察署に検束された。郡築小作争議には大正期の第一次争議の時から水平社が組織的に支援しており、熊本県水平社の幹部として「郡築を守れ」と今回もおっとり刀で駆け付けたようだ。

注13　明治21年、熊本市生まれ。大正から昭和にかけて部落解放運動に関わった。大正12年、熊本県水平社の創立に参画、農民運動にも加わり、日本農民組合熊本県連合会長、

社会大衆党熊本県支部長も務めた。戦後、熊本1区から日本社会党の公認で2回、総選挙に出馬、当選している。

「刈り取れるのは麦だけだ！」

この時の田辺氏の咄嗟《とっさ》の抵抗が奮っている。機転を利かせた。

麦の刈り取りで認められていたのは「麦」そのものだけである。

実は、麦畑には麦と一緒に大豆が植えられていた。

「刈り取れるのは麦だけだぞ、大豆は一本たりとも認められていない。刈り取った中に一粒でも大豆が混じっていたら違法な差し押さえだ」

そう、この論法はシェークスピアの戯曲『ヴェニスの商人』に出てくる金貸しへの一撃に似ている。「金が返せないから肉の一片で賄《まかな》ってもよいが、その代わり、血の一滴も流してはならぬ。血が流れたら契約違反だ」との言い渡しである。八代中学からの放校の時や明治大学からの退学でも、この気風が発揮されたのであろう。田辺氏の見事な一撃だった。この一言で強制執行は中止になった。

ただ、複雑な法廷闘争は田辺氏一人の能力と気合で乗り切れるものではない。法律の専門家が必要だ。

ここに登場するのが、石坂繁氏(注14)。

石坂氏は法廷闘争が続く限り弁護士として郡築の農民組合派に寄り添った。複雑で、何段階もある訴訟沙汰は素人が取り組むのには限界がある。裁判の中ではわずかな判断ミスも命取りになる。法律の解釈を厳密にし、的確に反論することで裁判長の心証も傾く。実に有能な助っ人になった。

注14　明治26年、菊池郡須屋村（現合志市）生まれ。濟々黌―五高―東京帝国大学法科。大正10年、弁護士開業。国民同盟、民政党系政治家。県会議員1期、衆議院議員6期。のち熊本市長を通算3期。東洋語学専門学校（現熊本学園大学）初代理事長。熊本県近代文化功労者。

この石坂氏が九州日日新聞に「郡築争議の悪化を憂ひて」と題し、6月3日から4

回にわたって長文の意見書を掲載した。農民組合側に立ちながらも双方に理性を求め、解決の糸口を探った格調高い論文になっている。以下、その要点。

第1回

民法にいう所有権―個人財産権の原則と契約自由の原則は個人主義思想の民法の中に厳然として樹立されている。すなわち、契約の自由により「万人は法の下の平等」になった。だが、所有権を持たない経済的弱者にとっては常に不自由なる状態が生まれる。見よ、所有権の城塞《じょうさい》に立てこもる地主の前で小作人の必死の闘争が続いている。大正12年の冬、荒涼たる郡築村を初めて訪ねた。演説会場で私は「諸君」ではなく、「兄弟」と呼びかけた。無産階級は解放されなければならぬ。しかし、急激な改革には絶対同意できぬ。小作人の債務の不履行は地主にとっては不愉快なことであろう。専制思想的な姿勢を根本的に改め、社会的弱者の姿に十分関心を寄せてほしい。

第2回

今回の小作争議で地主側は籾の仮差し押さえ、強制執行を行っている。小作人側は開墾権の確認、公正証書無効確認をし、異議申し立てを行った。だが、公正証書の力は広大無辺ではない。地主側も誤解している。仮執行は小作人の感情をますます悪化させ、闘争を先鋭化させている。しかも、麦立毛刈りに純真無垢なる多数の青年を繰り出しているのは社会的に見て憂慮に堪えない。

第3回

私は弁護士として自問する。「待て！　われらは何のために働いているのか、郡築小作人の幸福のために、郡築の平和のために」ではないか。私は誠心誠意、円満解決のために働きたい。先夜、隆法寺での話し合いに「少人数で」と求めていたのに、実際はお堂が小作人で一杯になっていた。彼らはそれほど心配しているのだ。帰途、八代警察署に寄り、署長、特高課長と話した。公益組合長が陣取る旅館も尋ねたが、「麦の立毛刈りは行う」と言う。円満解決の道は閉ざされた。

田辺氏がそんなに憎むに足る人物だろうか。不倶戴天《ふぐたいてん》の敵ではなかろう。一時休戦の道はないものか。

第４回

人は「６月１日が見ものだ」と言う。５月末を持って土地の貸借関係が切れた。地主側は「立ち入り禁止」の仮処分を決めた。意地と面目のためだろうが、25年郡築で暮らした小作人、その妻、子、老いたる母がいる。ここに霊あれば、小作人のために「泣け」。５月末日に契約が切れるのは事実だ。私は限りなき不安と焦慮に昂奮を覚える。ああ、郡築の不安の夜はまだ明けぬであろうか。

ちょうどこのころ、石坂氏と政治的同志である民政党熊本支部の支部長安達謙蔵氏（元治元〈１８６４〉年生まれ）が帰郷していた。内務大臣として政界の実力者に田辺氏の妻・みどりさんら農民組合婦人部が、「政友会をバックにした公益組合に生活を壊されようとしています。どうか助けてください」と陳情している。婦人部はとかく行動的だ。安達氏にはその後も田辺氏ら農民組合が「助力を願う」陳情を行った。

石坂氏は新聞連載後、争議の円満解決を求めて公益組合に「催告状」を提出した。職責をかけた呼びかけであったが、この後、杞憂《きゆう》は現実のものになる。加えて、田辺住職にもさらなる試練が待ち受けていた。

第４章　破門通告を乗り越え

公正証書の威力

籾の押収量は足りない、麦の立毛刈りも不調に終わった。しかも依然として小作料の未納は続いている。加えて、農地の貸し出し期限は切れた。今後は何ができるかー。公益組合は農民組合の頑強な抵抗に危機感を持った。

そして、次々に法廷闘争を打ち出す。5月31日には農地の貸し出し期間が過ぎているとの理由で28人を相手に損害賠償を求め、代わりとなる財産の差し押さえ命令を申請。6月8日と15日には2回にわたって八代区裁判所に農地の使用禁止を求める仮処分命令を申請し、土地返還請求の訴えを起こした。この時の相手農家は強硬派の43人。「業を煮やして」の訴訟であり、とにかく「農地はもう貸さない」との強い意志表示である。この二つの提訴は併合審理になった。農民組合は当然ながら「処分取り消し命令」の申し立てをする。裁判闘争は新しいステージに入った。

「貸さないのだから農地に入ってはならぬ」。

公益組合は不意打ち的に14人、40町（40㌶）の立ち入り禁止を決め、「立札」を掲げた。

この時期、田辺氏は八面六臂《ろっぴ》の動きを見せて農家を督励していたが、足元に突然火の手が上がった。

「僧侶の身でありながら、度が過ぎる。小作争議から手を引け」

真宗大谷派、東本願寺監正課（監察）から6月12日、突如として僧侶の「辞職勧告」が届いた。

この勧告には伏線があった。公益組合の町村長たちは、6月4日に熊本県庁を訪ね、大森吉五郎知事（明治16〈1883〉年生まれ）や内務部長に、早期解決のための陳情を行っていた。その席で八代町長が語っている。

「郡築村はわれわれの父祖が非常な苦労をして作り上げた土地だ。それを20年後の今日、小作人から無理な要求をされている。甚《はなは》だ迷惑千万だ。小作人自身の要求ならともかく、僧侶とかその他小作に関係のない者に扇動されて引きずられているのは困ったものだ」

ここに出てくる「僧侶」は田辺氏のことであり、「小作に関係のない者」とは、日本農民組合や社会大衆党のことを指している。隆法寺は寺社用地ばかりでなく、農地も少しばかり借りていたので、小作人であることに変わりはなく、この場合、八代町長は誤解している。だが、田辺氏は実際に奮闘していた。いや、リーダーだった。僧侶が「政治的行為」に関わることは慎むようにしていたのだが、行きがかり上見過ごしにはできない。こうした空気はおのずと大谷派の熊本教区にも伝わり、京都の本山に届いていたのだろう。

真宗大谷派の憲法とも言える現在の「宗憲」、最高規範には「監察」制度が設けられ、「僧侶の非違行為の監察、調査をして秩序の維持と風紀の取り締まりを行う」機能がある。反社会的行いを許さない、という姿勢であろう。そして、「僧侶は常に寺院、教会の隆盛に努める」ことを求め、「非違行為があったら軽重に応じて懲戒する」と規定している。いつの時代でもこの理念は「宗憲」でなくても「僧侶」なら当然、戒めなくてはならない行為である。

田辺氏がこうした理念に触れたのは、直接的には2月5日に村役場の助役宅に押しかけ、役場派の農民にけがをさせて検束された（罰金刑）こともあるが、一連の小作争議で先頭に立って旗を振り、公益組合のみならず、警察、県庁まで「大迷惑を受けている」との実態に関係者が苦々しく思っていたのは間違いない。京都の本山は始末書も求めて来た。

だが、当の田辺氏は信念があった。

「過去をだきあげ、現在の命のよりどころとなり、未来を切り開く教えは仏教の『三世一貫』として基本の姿勢だ。それを踏まえて自ら御同朋御同行を実践すれば衆生に功徳を施す利他の精神が生きてくる」

これは文字どおり、過去を大きな心で包み込み、今を生きている人々の支えになり、一緒に未来へ突き進む、という教えである。そして、「僧侶の本分は未来を済度（注15）するものではない。現世において苦しむ衆生を済度するのが真の宗教者である」

若い時、京都の同朋社で学んだ、宗祖・親鸞聖人の教えもそのようなことと理解していた。これこそ田辺氏が行動の基本に据えたものだった。

注15　衆生を救済し、此岸《しがん》（現実のこちら側の世界）から彼岸《ひがん》（浄土）へと導き渡すこと。

本山からの辞職勧告に門信徒は驚いた。だが、田辺氏は動揺もせず、落ち着いていた。「何も宗祖・親鸞聖人の教えに反することはしていない」。

郡築の門信徒は安心した。そして6月20日、485人の連名で本山へ次のような嘆願書を提出した。（一部、意訳、現代文に改めた。九州日日新聞より）

「隆法寺は私どもの崇教寺院であり、田辺住職からは日々真摯《しんし》な教えを受けています。大正時代の争議では（アメリカ人宣教師ら）キリスト教系の応援を受け、仏教徒の私たちは心苦しく思っていました。今回（田辺住職は）図らずも小作争議の傷害事件で罰金刑を受け誠に残念なことでありました。住職は小作人の組合長として勇敢に難局に挑まれており、感謝に絶えません。傷害事件も控訴を考えましたが、田辺住職は他の仲間の迷惑を考え、甘んじて罰金刑を受けました。田辺住職は宗教家の使命として平和な清浄国土を建設する為、大乗菩薩行に努めておられます。本山からの御審問ではありますが、どうぞ青天白日の恩典を与えて下さい。私たち小作人一同、涙血（ママ）の思いを持って嘆願致します」

嘆願からにじむのは、田辺住職が、むしろ「農家の犠牲」になって働いてくれているという強い感謝の気持ちである。嘆願書には書いてなかったが、東本願寺に対しては、「嘆願を聞き入れてくれなければ、門信徒はこぞって西本願寺へ宗門を変える」との意向が伝えられていたという。嘆願と門徒の意向が効いたのか、その後、田辺住職に対する本山からの〝お咎《とが》め〟はなかった。住職はのちには熊本教区の区会議員にも就任している。

小作争議の行方は混沌としてきた。公益組合の立ち入り禁止に双方とも引くに引けぬ対立になった。すると、田辺氏たちは、予期していたかの如く対抗する意味で自分たちが借りた農地への立ち入り禁止仮処分を求め、立ち入り禁止の立札は田んぼの正面に隆々と立った。にらみ合いが続いた。

公益組合が農家に出した内容証明付き郵便が判明した。

「①5月20日までに賃借料未納額を納入すべし②期日までに納入したものは25日までに（農地の）貸下げ願いを出せ③（以上が済んだら）熊本地裁で公正証書を作る④（同）今後の賃借料は（その時点で）考慮する⑤以上ができなければ契約期間満了後、土地の使用は認めない」

これは、頑として存在する「公正証書」の理念である。

さらに、八代区裁判所の検事局は田辺氏への麦立毛刈りをこん棒、鎌をもって阻止した農民に「公務執行妨害の容疑」で次々に呼び出しをかけた。この圧力は強い。立毛刈りが失敗したため、公益組合は、今度は「小作米の納入を怠っている」として損害賠償の訴えを起こした。事態は泥仕合の様相である。

田辺氏は隆法寺で開いた農民組合の総会で熱弁を振るった。

「小作人に対する立ち入り禁止は恐れるに足らぬ。しかし、農家は地主側から追い立てられる憂き目を見るかもしれない。二十年来汗水を流して築き上げた美田を一朝にして地主側に引き上げられるのは耐えがたき痛恨事である。われわれはこの際、決死的覚悟をもって地主と闘争しなければならない」

と、強腰になっても田植えの好機は刻々と過ぎて行く。このころが昭和の小作争議で最も神経をすり減らした日々であった。この時期までに公益組合と賃貸契約を更新したのは郡築の小作農家約４４０戸のうち３００戸。残りは再契約を拒んでいる強硬派で、うち45戸に対しては農地への立ち入り禁止が続き、訴訟沙汰になっている。

公益組合はこのように農民組合に対して裁判を連発して来た。その中心になったのが公益組合の主任書記・井村作太郎氏（注16）である。田辺氏が八千把村出身なら井村氏はほど近い太田郷村（現八代市日置町）。旧制八代中学では田辺氏の３年後輩で、地主の子弟のごとく品行方正、努力型。軍隊への召集は同期で戦友だ。当時まだ、30歳半ば。農民組合や婦人連の抗議や申し入れに常に矢面に立って対応した。若いながらも事務方の作戦本部長であった。弁護士とも連絡を取り合い、田辺氏にとっては「好敵手」になった。

田辺氏の矢継ぎ早の挑戦に、民法、商法、刑事訴訟法など法律全般を収録した六法全書を片手に応戦したという逸話も残る。激しい争議では敵、味方とも後世に語り継がれる逸材が現れる。

注16　明治29年生。争議解決後、太田郷村長、合併後の八代市助役。八代市農会（農協）長を経て、昭和29（１９５４）年、熊本県信用農業協同組合連合会長。県信連を立

て直し4期会長。同37（1962）年、黄綬褒章。同38（1963）年、農業功労章。同41（1966）年、熊本県公安委員長、勲五等双光旭日章。同47（1972）年、熊日社会賞。同49（1974）年3月21日死去、享年77。JAやつしろ太田郷支所には坂田道太氏（元文部大臣）の揮毫による「初代農協長　井村作太郎翁頌徳碑」が建っている。

JAやつしろ太田郷支所に建つ井村作太郎氏の頌徳碑

小作人は田んぼへの立ち入り禁止命令など矢継ぎ早の訴訟で、田畑に入れなくなった。生活にも困ってきた。反面で日々失業状態である。そうするといろんな智慧が湧いてくる。

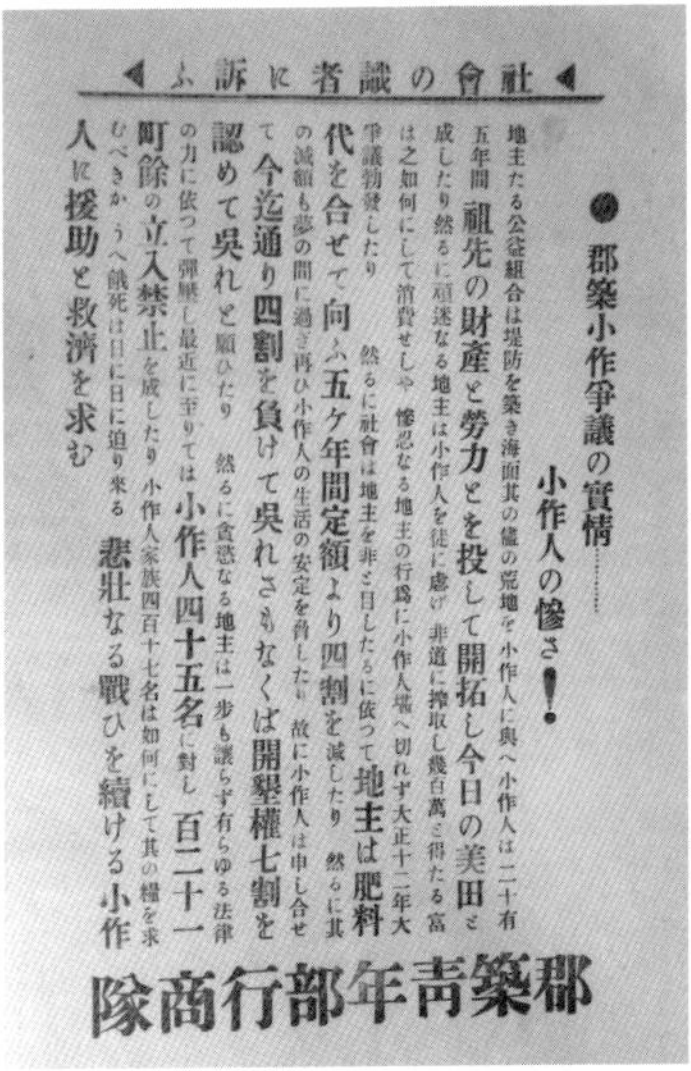

社會の識者に訴ふ

郡築小作争議の實情……小作人の慘さ！

地主たる公益組合は堤防を築き海面其の儘の荒地を小作人に與へ小作人は二十有五年間祖先の財産と勞力とを投して開拓し今日の美田と成したり然るに頑迷なる地主は小作人を徒に虐げ非道に搾取し幾百萬と得たる富は之如何にして消費せしや慘忍なる地主の行爲に小作人堪へ切れず大正十二年大爭議勃發したり　然るに社會は地主を非と目したるに依つて地主は肥料代を合せて向ふ五ケ年間定額より四割を減したり　然るに其の減額も夢の間に過ぎ再び小作人の生活の安定を脅したり　故に小作人は申し合せて今迄通り四割を負けて呉れさもなくば開墾權七割を認めて呉れと願ひたり　然るに貪慾なる地主は一歩も讓らず有らゆる法律の力に依つて彈壓し最近に至りては小作人四十五名に對し百二十一町餘の立入禁止を成したり　小作人家族四百十七名は如何にして其の糧を求むべきか　うへ餓死は日に日に迫り來る　悲壯なる戰ひを續ける小作人に援助と救濟を求む

郡築青年部行商隊

郡築小作争議に理解を求める青年部行商隊の宣伝ビラ（田辺義道氏蔵、資料集より）

農民組合はまず、「生活費を稼ぐため」と称して行商隊を編成した。隆法寺の境内にパン工場を作った。青年部、婦人部を中心に「郡築争議団失業行商団」の旗を掲げ、自転車で各班に分かれては近隣の町村を回った。持っているのは日用品に小麦粉と手製のパン、まんじゅう、文房具もそろえた。これらに公益組合の暴挙と争議の苦衷を訴えるビラも用意、各家庭を訪ね歩いたのである。

ビラの内容も激しい。（現代文に改め、要約した）

（見出し）社会の識者に訴ふ　郡築青年部行商隊

郡築小作争議の実情――小作人の惨《みじ》さ《(め)》！

（本文）地主の公益組合は堤防を築き、海面そのままの荒れ地を小作人に与えた。小作人は二十有五年間祖先の財力と労力を投じて開拓し、今日の美田と成した。然るに頑迷なる地主は小作人を徒《いたずら》に虐《しいた》げ、非道に搾取した。幾百万と得たる富は如何《いか》に消費したか。残忍なる地主の行為に小作人は耐えきれず大正十二年大争議が勃発した。（以下、大正末争議の解決策を列挙、中略）小作人が開墾権七割を認めてくれと願っても地主は一歩も譲らず、法律によって弾圧し、最近は小作人四十五人に（農地への）立ち入り禁止をした。家族四百十七人の餓死は迫り来る。悲壮なる戦いを続ける小作人に援助と救済を求む――

実に悲壮感あふれるビラの内容だ。

田辺氏の妻・みどり夫人を中心にした婦人部50人は、公益組合の幹部たちを次々に訪ね、「私たちの生活をどうしてくれる」と訴えた。母親たちは乳飲み子を背負い、必死の形相である。ある幹部の家の前では座り込んだ。これらの行動は争議団を後方から鼓舞した。

このころ、争議の底流にちょっとしたさざ波が立った。「和解、調停」の動きである。熊本県警察部の特高課長、保安課長、それに八代署長が仲介に立ち、双方に和解合意の打診を始めた。警察は労働争議や水争い、小作争議などに直接的に介入することを控え、むしろ、治安の対象として捉える動きが多かった。だが、郡築の小作争議はあまりにも混沌としている。しかも、農民組合側に全国の農民組合や労働争議の関係者が深く関与している。思想闘争として捉え、見過ごすわけにはいかなくなった。

警察側が示したのは、①小作米一割五分の減額、②奨励金１万円の公布、③小作米滞納者に１万５０００円の奨励金交付―という条件だった。だが、この和解案には農民組合が最も求めている「開墾権」の文字が一字も入っていない。当然ながら農民組合は和解案を蹴った。その後、隆法寺で開かれた報告集会には３００人もの農家組合員が集まり、「あくまでも初志貫徹」と気勢を上げた。

それでも田植えはできない。

7月末になったころ、争議団は決断した。
「今年の田植えは放棄する」
4町歩（4㌶）で育てていた稲の苗を売って、闘争資金にしようというアイデアが出た。近隣の農家に知らせるための以下のチラシ（要旨）も作った。

「私どもは無残にも地主から立ち入り禁止をされ、収穫を楽しみにしていた稲床の苗を葬らなければなりません。再三植え付けを嘆願しましたが、地主の非常識極まる弱い者いじめの手段は、ただ暴圧であります。大和民族の魂である稲苗を腐れる前に使ってください。われわれは一三〇町歩の稲苗を譲与します。急いでおいでください」

弱者が強者《きょうしゃ》に立ち向かう時、必殺技は難しいが、コツコツと相手の足元を痛撃し、世間を味方にしていくのは古来の手法である。田辺氏は次々にアイデアを出す。

争議ニュースに組合歌

次いで登場したのは「争議ニュース」の発行である。手書きのガリ版刷りで、裏表2ページ。郡築小作争議については当時、九州日日新聞、九州新聞、九州日報、新九州新聞、福岡日日新聞、大阪朝日新聞、大阪毎日新聞が日々の出来事を報道していた。全国から注目される争議であり、関心も高かった。しかし、小作農民側の購読は少なく、細切《こまぎ》れ、断片的なので、農民の立場に寄り添った出来事の解説が必要だった。「争議ニュース」は争議団の志気を高めるためにも有効な手段となった。

「発刊の辞」は格調高く宣言している。

「争議はこれからだ。組合員諸君に争議の実情をお知らせするため今日から発行する。情報も待っている。（このニュースは）団結を固め、公益組合を粉砕する武器となり得る」

一面にコラムを設けているのも面白い。熊本日日新聞の「新生面」や朝日新聞の「天声人語」と同じ性格のコーナーで、その名も「天眼通」。その意味は「一切の物事が見通せる神通力」である。田辺氏らしい機知に富んだ命名だ。警察の争議への監視を皮肉り、八代の政界をからかい、公益組合を冷やかしている。裏面には争議団弁士を評論、これからの会合の日程を載せた。

田辺氏の発想がユニークなのは、争議をこうして側面から支えることにいろいろなアイデアを持ち出すことだ。その意味では、田辺氏もまた一面でアジテーターの役割を担ったことであろう。

労働争議や思想闘争には必ずと言っていいほど仲間の志気を鼓舞する〝歌〟が伴う。郡築小作争議でも「争議歌」が出来た。作ったのはこれまた、争議団団長の田辺氏である。メロディーは残っていないが、この時代の〝団結歌〟は旧制高校の寮歌にかぶせたものが多い。例えば、大正12（1923）年に全九州水平社創立大会で歌われ、部落解放同盟のシンボルにもなっている「解放歌」（柴田啓蔵作）は旧制一高寮歌を下敷きに使った。郡築の組合歌は歌詞の長さからして旧制三高（現京都大学）の寮歌

「紅萌ゆる」か。軍歌調だったとも言われている。

組合歌

一、名も知られたる不知火の　滄海《うなばら》何時《いつ》しか耕の地に
闘いつきぬ郡築は　正義の旗を翻《ひるが》へす

二、荒濱蠣原《こうひんれいげん》其《そ》の儘《まま》も　二十有五歳《とせ》に美田化す
之《これ》ぞ誰が力なる　培《つちか》ふ民の腕なるぞ

三、祖先の築財投盡《とうじん》し　膏血《こうけつ》労苦堪《た》へ凌《しの》ぎ
成し就《と》げ得たる開拓地　誰《た》が手に帰《き》せむ我が農地

四、土地返還の魔襲《ましゅう》をも　ものともせじや戦衛《せんえい》は
団結必死の覚悟あり　水魚の愛着土と民

五、開墾権利の獲得に　四割増額蹴破《けやぶ》らむ
吾らの主張は正なるぞ　恢々疏《かいかいそ》にしてもらすべき

六、瑞穂《みずほ》の國も忘れ果て　稲穂の民を脅かし

荒廃地をば顧《かえり》みぬ　公益法人名のみぞ
七、一郡地主の圧迫も　横暴搾取のブルジョアも
正義の前には降伏し　時代の前には目醒《さ》むべし

「組合歌」といえば、日本農民組合との関係はその後どうなったか。争議は泥仕合の様相を見せ、混沌としてくると再び全国組織との連携を模索する機運が高まった。

田辺氏は1月にある計画を催している。その後のことを予期していたのだろう、小作人有志で「小作調停政談大演説会」を開いた。かつて郡築で争議を指導してくれた前農

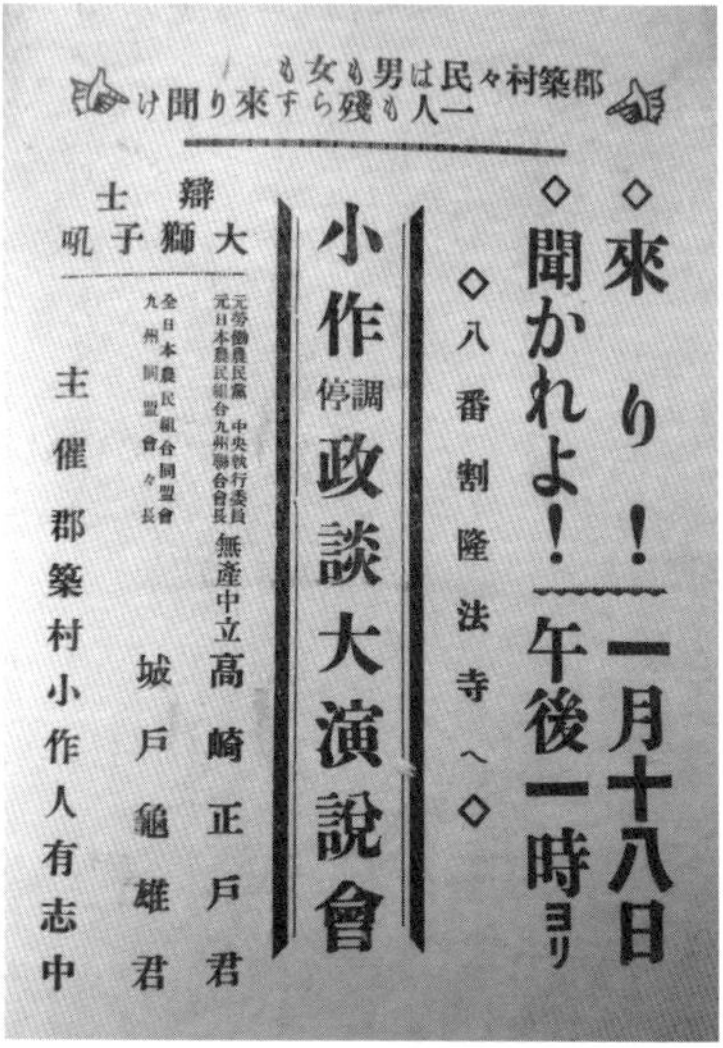

隆法寺で開かれる小作調停政談大演説会に参加を求めるポスター
（田辺義道氏蔵、資料集より）

民組合九州支部長の高崎正戸氏らを呼んだ。場所は隆法寺。全日本農民組合はあの時以来離合集散し、高崎氏は農民組合を離れていた。このため、田辺氏は新たに日本大衆党の助力を得ようとひそかに上京したりもしたが、結局、8月10日の農民組合総会で日本農民組合への参加を決めた。隆法寺は争議団の本部になった。この後、全国組織からの応援団は隆法寺を宿泊地にし、続々とやって来る。

8月29日、隆法寺の本堂は小作人農家の200人でむせ返った。全国農民組合の郡築支部設立総会が開かれた（この時点で日本農民組合は全国農民組合に改称している）。大正時代の争議後に解散した組合の再結集である。全農組合の幹部も詰めかけ、「開墾権は無産者がブルジョアと闘って獲得した権利である。絶対、地主に与えられたものではない」とアピールする。対して、田辺氏は「団結あるのみ」を訴えた。設立総会に先立っては、青年部の総会も開かれ、気勢を上げた。こうして、全国組織の幹部が八代に姿を見せるようになると、警察も治安対策として特別に注視するようになる。熊本県警察部の青木善祐《よしすけ》部長（明治25〈1892〉年生まれ）はこの日、特高課長を伴って直々に八代を訪れた。警察のトップが現場視察とは異例だ。

昭和の敗戦まで、各県の警察部長は政権の意向が色濃い官選部長であった。当時の政権政党は民政党。当然ながら青木部長も民政党系だ。先に述べたが、農民組合の各種訴訟で弁護士を務めたのは民政党系の石坂繁氏。青木部長は郡築村を視察した後、八代警察署に田辺氏らを呼んで現状を聴いた。〝敵視〟する姿勢は薄く、田辺氏らが「開墾権」へのこだわりが強いのを確認すると、早々に引き上げた。

だが、郡築小作争議を警察が治安対策の見地から監視するのには変わりがなかった。全国からの争議応援団には尾行がつき、好ましからざる人物は予防的に検束された。

庫裏に「隠れ部屋」

平成12（2000）年、「くまもと女性史研究会」（安永蕗子会長）が出版した『くまもとの女性史』に興味深いインタビューが載っている。八代市文化財保護委員の井村幸子さん（元小学校教諭）が、田辺氏の長女・田辺タヤ子さんに聞いたもので、隆法寺の庫裏（住居部分）には「隠れ部屋」があったという。歴史物語で武家屋敷に出

田辺家の隠れ部屋

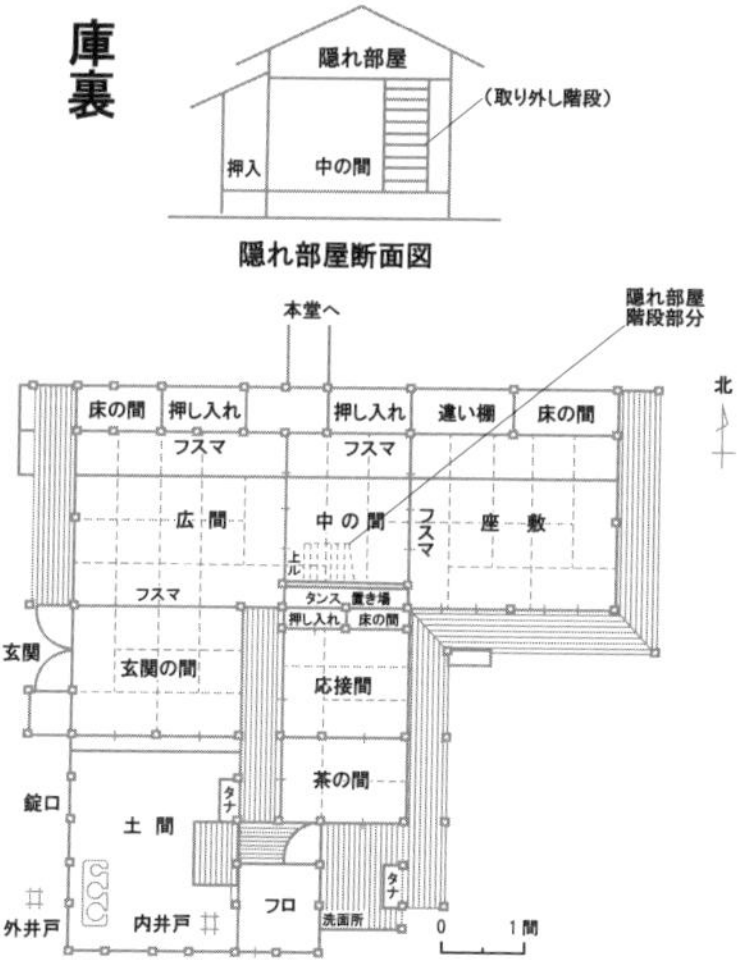

（参考／『くまもとの女性史』）

てくる「どんでん返し」の発想に似ている。

全国から訪れた運動員は争議団本部の隆法寺を足場にした。数日から1週間逗留することもあり、警察の監視を掻《か》いくぐっての行動が多かった。だから、「要人をかくまうためだった」と言う。インタビューには隠れ部屋の見取り図まで載っている。

「隠れ部屋」は本堂から庫裏に続く「中の間」の屋根裏に作られていた。本堂での集会中に警察の気配を察知したら、急いで庫裏の中の間に逃げ込んだ。隠れ部屋に行くためには、隣り奥にある応接間の押し入れの天井を押すと、階段が中の間に降りてくる仕掛けだった。急な階段で、上り終えると階段を引き上げて隠す仕組みになっていた。隠れ部屋には天井も明かりもなかった。運動員の一時的な避難場所だったのだろう。それにしても用心深い。用意周到だ。もし、ここが警察に見つかれば田辺氏もただでは済まされぬだけに、小作争議に対する熱の入れようが分かる。

田辺氏が全国農民組合の幹部に出した昭和5年10月22日付の手紙が残っている。この時期は争議の早期解決を求めて警察の調停が大詰めに来ていたころで、田辺氏も外部からのオルグを期待していたのだろう、「御来援を期待しています。潜伏所も更に確定していますのでご出張の際は密行でお願いいたしたいと思っています」と書いている（「近代熊本」第31号　内田敬介「郡築小作争議関係書簡をめぐって」より）。

隆法寺の庫裏は平成元年に取り壊され、今は新しくなっている。現住職の田辺洋之氏は「そういえば子どものころ、そんな場所があったのを覚えている」そうだ。

このように隆法寺は争議団本部の機能を備えていたが、全国から訪れる活動家の宿泊所にもなっていた。坊守のみどりさんは几帳面《きちょうめん》な人だったようで、宿泊者の宿代を農民組合に請求している。一泊ぐらいなら許容できるが、長期滞在もある。しかも食事も提供していたようだから、お寺としても無料というわけにはいかなかった。例えば、農民組合の高崎正戸氏は昭和5年の2月から5月までの間、5回に分けて計70日間宿泊した。4月から5月にかけては36日間も連続して泊まった。このころの郡築は全国農民組合への加入や支部創立大会を開いたころで、高崎氏はその指導で滞在が増えていた。

宿泊者にはその他、農民組合の幹部や大衆党員など14人の名前もある。連日、彼らの賄いは大変だった。坊守さんは「地元農民組合の人が一緒の時の食費は含まれていない」と添え書きしているから、実際の費用はもっとかかった。一泊は平均して1・6円、今に換算するなら5000円ほどか。

夏も盛り、争議は大きなヤマ場を迎える。

第一次小作争議の解決後に公益組合へ預けた農民組合旗を取り戻した田辺氏（左）（田辺義道氏蔵、資料集より）

青年部の行動は組織化し、思想的にも高揚していた。そこで起きたのが「青年訓練所国旗投げ捨て事件」である。軍国主義教育が強まる中、郡築小学校で行われていた軍事訓練に反対し、青年部が校庭にあった掲揚台から国旗を引きずり下ろし、隣接の郡築神社脇の池に投げ捨てた。犯人とされた青年は日ごろから訓練に反発し、「軍事訓練は時代逆行だ。ブルジョア階級のためであってわれわれプロレタリア階級には何ら必要ない」と叫んだ（8月14日付、九州新聞）。この行為は大衆党など全国組織のイデオローグを受け、全国農民組合や水平社組織も軍事訓練に反対運動を続けており、明らかに反戦思想を根拠にして青年部に階級的思想が芽生えていたものだ。相次ぐ公益組合の攻勢に立ち向

郡築小作争議を応援するペンキ組合の基金袋（田辺義道氏蔵、資料集より）

かい、自立する過程でもあったろう。

その象徴として、青年部は大正時代の第一次争議後に郡築支部が解散して、村長に預けたままになっていた組合旗を必死の交渉の末、9月に取り戻した。立ち会ったのは、あの井村作太郎主任書記である。この時の田辺氏の写真が残っているが、いかにもたくましい面構えである。

うれしいこともあった。熊本市のペンキ組合から争議への支援金カンパと激励文が送られてきた。労働組合からの応援は力になる。ペンキ組合は袋を作ってカンパを募ったようで、袋の表には手書きの激励文が書き連ねてあった。

「飢餓を前に闘っている争議団に募金の雨を降らせろ」
「基金！バット（たばこの銘柄）ひと箱代をはたけ」
「自覚した小作人を見殺しにするな」

勇ましい。

陸軍大演習と白紙一任の攻防

実りの秋が訪れた。

小作争議はいよいよ大詰めに差し掛かった。抜き差しならぬ事態である。農民組合は9月12日、八代町の喜楽館で「小作争議批判演説会」を開いた。この喜楽館は蛭子座とは別の映画館で、いずれも紺屋町にあった。演説会には800人が参加、全国組織の無産党、大衆党も応援に駆け付けた。八代署は厳重に警戒、応援弁士2人を職権で中止させた。全国農民組合書記長は危険を察知して姿を消したが、〝争議扇動者〟として熊本駅で検束された。田辺氏は争議が〝危険水域〟に入りつつあるのを感じた。

新聞は連日書き立てる。書き出しは実態を表わしている。

「持久戦を続けている郡築小作争議は――」(9月14日付、新九州新聞)

「紛争久しきに渡る郡築村の小作争議は――」(9月21日付、九州日報)

「何時果《いつは》つとも知れぬ郡築小作争議は――」（9月23日付、大阪毎日新聞）
「いよいよ精鋭化してきた郡築小作争議は――」（9月28日付、大阪毎日新聞）

小作争議が佳境に入るころ、損害賠償訴訟など係争中の裁判で小作人側が相次いで勝った。事態が急変してきた。対応するように熊本県では公益組合長と八代警察署長の交代を決め、新布陣を敷いた。しかし、稲穂が垂れるのを見越して、公益組合が極秘の会合を開き、「稲立毛の差し押さえを断行するようだ」とのうわさが駆け巡った。争議団に緊張が走った。

農民組合では急きょ、幹部会を開き、「立毛刈り絶対阻止」を決めた。そして、差し押さえ執行を阻止するため、干拓地の主要道路6カ所に見張り小屋を作った。もし、執行官が来たら爆竹で合図し、13人の決死隊が「死を賭して食い止める」意気込みを示した。道路沿いにわら屋根で作られた見張り小屋には「警戒番所」の看板が立ち、見すぼらしいながらも緊張感を漂わせていた。このまま差し押さえが強行されたら、血を見るのは必至だ。

八代警察署は最高の警戒態勢に入り、両者に自重を求めた。農民組合には見張り小屋の撤去を求め、田辺氏はこれを受け入れた。公益組合も差し押さえの執行を中止し、衝突は回避された。

これだけ争議が過熱すると、事は八代の問題だけではない。新聞は緊迫感をあおり、日本中に知れ渡る小作争議になった。労農党と無産党の合併が持ち上がり（3月）、全国大衆党が結成された（5月）。郡築争議は農民運動から跳躍してイデオロギー闘争の影を落とし、治安維持面からも公安関係者は憂慮した。「各種思想団体が裏面で策動する兆しがあるので、県特高課では極秘裏に捜査を進めている」（福岡日日新聞、16日）

米と生糸は暴落し、農家経済は厳しい状況が続くのに「いつまでもめるのか」と冷たい視線を浴びた。熊本では翌年11月の陸軍特別大演習が発表され、天皇陛下が視察に来ることも決まった。八代にも来るという。このタイミングでの陸軍大演習と天皇陛下来熊の発表は争議の行方に決定的な影響を与えた。

「陛下に見苦しいところはお見せできない」

郡築小作争議の早期解決は熊本のみならず、日本の治安維持に不可欠な必須事項と見られ始めていた。

10月下旬。警察は解決を急いだ。

だが、これだけこじれた小作争議を解決するには、まだ難問が待ち構えていた。新八代署長は本格的に仲介に乗り出し、田辺氏ら争議団幹部を八代署に呼んで事情聴取を始めた。争議団に加入していない役場派の農民も呼んだ。小作人の意見をじっくり聴こうという算段だ。

「白紙一任」

警察が求めた仲介案である。「白紙」とはいっても、その姿勢は薄紙をかぶせたような「公益組合色」は否めない。警察部の特高課や八代警察署長の仲介工作は日ごとに強くなった。警察幹部はまず、公益組合からの一任取り付け工作を始める。

事態が慌ただしくなった。八代町内の有力者、経済人も仲介する姿勢を見せている。この動きに本能的に危機感を抱いたのが争議団の婦人連である。隆法寺のみどり坊守が打ち鳴らす鐘を合図に集合、「安易な妥協は許せぬ」と公益組合や地主の自宅へ連日のように数十人、数百人が津波のごとく押し寄せた。筵《むしろ》を持ち込んで座り込み、「私たちの生活をどうしてくれる」と悲痛な叫び声を上げた。あまりの剣幕に危険を察知した消防団が半鐘を打ち鳴らし、干拓地が大騒ぎになる一幕もあった。

青年部もこれに呼応した。背後の応援団は「白紙一任はならぬ」と強硬である。郡築は煮え立つてんぷら油の状態に湧き立った。田辺氏らはこの事態をどう切り抜けるか、腐心する。

12月。師走に入った。

この土壇場に来て公益組合が「白紙一任」に応じる意向が伝わって来た。すると、団結していた争議団幹部の一部からも「軟化」する姿勢が生まれ、足並みが乱れた。郡築で生活している農家420人ほどの中で、争議団に残っているのは150人ほどになった。大詰めでの波乱である。最高幹部のうちの3人がはっきりと一任容認に転じた。争議団は素早く手を打った。田辺氏らは隆法寺で総会を開き、この幹部3人を除名した。

争議団分裂。

この時、全国農民組合郡築支部の副支部長から田辺支部長宛ての「除名要求願い」が出ている。「三人の行為は虚言を弁じ、組合の秩序を破り、団結を破壊しており、憂慮に堪えない」。21人の連名は激しい怒りをうかがわせる。仲間を糾弾するためのビラ配布には警察への届け出が必要で、田辺氏は八代署に「裏切り者の謀略は許せない。田辺は死するまで闘う」との決意を盛り込んで提出した。

団結の緩みは公益組合の思うつぼ。長引いている小作料不納の問題をここで一挙に解決しようと、軟化派の農家に対しては農地の立ち入り禁止の措置を素早く解除し、返す刀で強硬派に対しては籾や玄米の差し押さえに乗り出した。八代署では近隣の警察からも応援を得て差し押さえ妨害を監視した。この硬軟両面作戦は効いた。強硬派からは雪崩を打つように「白旗」を上げる農家が続出した。不意打ちを食らった争議団はそれでも除名総会後、八代署に出向き署長に「白紙一任はできない」と通告、八代署長は「それならこの仲介から手を引く」と言い出した。駆け引きはすさまじい。

田辺氏は一連の騒動を伝える新聞各紙をスクラップにして残しているが、幹部除名の騒動を伝える「福岡日日新聞」（12月2日付）の切り抜きの脇に注目すべき書き込みをしている。二重丸（◎）が付き、矢印で記事を示している。

「解決直前、最後の岐路ココにあり」

書き込みを見る限り、この時点で田辺氏の心境に大きな変化があったのだろう。続いて、「差し押さえの断行と警察署長の仲介返上」の切り抜きには「公益組合の切り崩し策」とするメモがあり、「小作人側に軟化続出」（共に12月9日付、九州日報）には「争議最後の情況」との書き込みがある。「潮時《しおどき》」と見定めたようだ。

だが、田辺氏は表向き強気を貫く。八代署が仲介から手を引く姿勢を見せ、争議団幹部の除名を行ったことには、「争議団は裏切り者を出したが、意気益々軒昂」と述べ、「われわれは今後路傍（街頭）演説の火蓋《ぶた》を切らん」（12月9日付、九州新聞）と高らかに宣言した。

一方、除名になった争議団幹部と争議団を離脱した農家はひそかに八代署を訪れ、仲介の白紙一任を表明、争議団も切り崩しに遭ってじりじりと勢力を後退させていた。

新聞各紙は盛んに「争議解決の兆しあり」と書き始める。

終局が近づいていた。

「ここまでかー」

暮れも押し迫った12月26日、田辺氏ら争議団幹部は世論に押されるように八代署を訪れ、署長に調停の白紙一任を表明、直ちに隆法寺に帰って待ち受けた組合幹部にその意向を説明した。説明会は「容認」「反対」で紛糾、深夜12時過ぎまでかかった。冬の長い一日だった。

「和解へ」

硬軟両派に分かれた村民も公益組合も警察も安堵《あんど》した。「これで、健やかな気持ちで新年を迎えられる」かに見えたが、そうではなかった。ギリギリの土壇場ですんなりと行かないのがこの争議の重みであろう。

年が明けると、争議団の強硬派や青年団から異論が噴出、1月8日には熊本県の青木警察部長まで訪れて調停案に署名する段取りになっていたのに、寸前で決裂した。その大きな理由は調停案の中に「開墾権」の実現が盛り込まれておらず、「農民組合の解散」「組合旗の返還」が判明したからである。その他、小作料の方針などもろもろの調停案が示される予定だったが、争議の根底部分を否定するような内容とあっては反発も当然だった。青木部長は嘆いた。「白紙一任と聞いていたのに、意外千万だ。最も公平に作ったつもりが、ここに来て異論が出るとは――」

夕刻には熊本に帰った。

この日を境に争議団の周囲は、真綿で首を絞められるように解決への圧力が強まった。争議団を離脱した農家と公益組合、警察の話し合いは日ごとに進む。

潮時を迎えた。

1月15日、八代署は公益組合、争議団、軟化派農家の代表者30人を八代武徳殿に呼んだ。息詰まるような緊張感の中、警察が争議の解決を促すと、予想外に調停案の了承がすんなりと決まった。1月8日に示された調停案とほぼ同じものだったが、争議団の抵抗もなく、参会者は万歳三唱して儀式は終わった。調停案は15条で構成、その主なものは――（意訳、現代文に改めた）

一、地主は開墾権の存在を絶対に否認し、小作側は開墾権を主張するが、その決定は裁判所にゆだねる
一、小作料は3割の減額
一、毎年、納米奨励金1万5000円を小作人に支払う
一、争議に関係ある一切の訴訟は双方取り下げる
一、全国農民組合郡築支部は解散し、二基の農民組合旗は調停者に一任する

となった。警察が当初に示した仲介案とほぼ変わらなかったが、農民組合も受け入れざるを得なかった。

調停式の模様は各新聞とも「歓迎」「円満解決」一色で書き立てた。だが、記事中に「争議団長・田辺義道氏」の名前は一切出てこない。田辺氏は欠席し、農民側としては、各割（班）の代表者が代わりに出席したようだ。

3日後の1月17日夜、隆法寺に130人が出席して農民組合の総会が開かれた。田辺氏が調停案の内容を説明し、異議なく承認された。

そして、2カ月後の3月12日、郡築小学校で「争議円満解決手打ち式」が盛大に開かれた。公益組合や警察、農民代表者など450人近くが参加した。青木警察部長は「いろいろと曲折あったが、秋の（陸軍）大演習を控えて早く解決したかった」とあいさつ。公益組合長も「秋に（天皇陛下を）お迎えするのに郡築の紛擾《ふんじょう》が続くのが心痛だった」と解決を喜んだ。

この手打ち式にも田辺氏ら争議団の20人は不参加（九州新聞）、田辺氏は「今後のわれわれの進むべき道はいろいろあろうが、郡築の平和を守るという点では不変です。手打ち式典には組合員も極力参加するよう説得しています」と述べている。また、2週間後の3月27日には郡築小学校で農民組合主催の「解決祝賀会」が開かれた。組合員とその家族200人が参加、福岡から高崎正戸氏も駆け付けた。この記事（九州日報）のスクラップにも田辺氏がメモを書き込んでいる。

「二通りの祝賀は知る人ぞ知る　推測される筈《はず》」

安堵感と無念さが入り交じる複雑な心境であったか。

田辺氏が残した1年間の争議費用明細には収入５６４７円（１７００万円換算）、支出５５９８円（１６８０万円換算）とあった。

こうして約1年半にわたった「第二次郡築小作争議」は終わった。経済闘争では一部実りもあったが、権利闘争では得るものがなかった。

この時、田辺氏はまだ38歳。

日本は中国東北部の満州で関東軍が柳条湖事件を起こし、日中戦争が勃発。一気に軍靴の響きが高まる。田辺氏は隆法寺の住職と農業にいそしんだ。それらもつかの間の平穏になる。小作人の権利闘争が実るのは戦後のことである。

第５章　衆生に功徳を施す

仲間たちはその後

第二次郡築小作争議が解決した年の昭和6年11月12日から、熊本県内で陸軍特別大演習が開かれた。その約2カ月前、9月27日には郡築神社で「郡築争議円満解決祝賀会」があった。農民組合が主催、案内人名簿には警察部長、公益組合、石坂繁弁護士、新聞社、高崎正戸氏、つきあいの商店主も名を連ねた。県知事にすればこれで「天皇来熊」への直接的な懸念は消えた。

加えて、熊本県の警察部は大演習の直近まで〝左翼勢力〟を徹底的に洗い出し、熊本の〝浄化〟に努め、１００人以上を検束した。文書、パンフレットなど怪しいと疑ったものは残らず押収した。

県民を鼓舞する大演習は3万9000人が参加した陸軍の一大イベントで、関西以西の警察官を大量に動員して警備、参観者は10万人にも上った。熊本の地は沸き立った。天皇陛下は演習を視察後、約1週間にわたって県内一円を行幸。八代には16日に訪れ、八代宮に参拝された。関係者は「陛下を平穏に迎えられた」と安堵した。

時代は言論統制が強化され、日中戦争は拡大する一途にあった。日本は国際連盟を脱退、2・26事件が起こり、国民は息苦しさを覚える一方で国策への協力を余儀なくされた。このころ田辺氏は38歳、いよいよ人生に脂の乗って来る時期である。隆法寺の住職としても法要、農作業に忙しい日々を送っていた。一方で、かつて郡築小作争議を闘った農民たちは数奇な運命をたどっていた。

特筆すべき人たちとして第一次、第二次小作争議を通じて日本（全国）農民組合郡築支部の幹部を務めた4人を取り上げたい。

実質的に初代支部長になった園田末記氏（大正12〈1923〉年生まれ）は、八代郡栗木村（現八代市泉町）で青年期を迎え、21歳で入植した。郡築支部長時代に公益組合から「土地立ち入り禁止処分」を受けて困窮、日雇いで食いつないだ。警察罰則条例の改正で、「村民をいたずらに排除した」として検束されたが、正式裁判で無罪を勝ち取った。第3回、第4回の全日本農民組合にも参加、次第に郡築争議の闘士になって行く。大正13年3月には花岡伊之作氏による『熊本県郡築小作争議の真相』の前段ともいえる『郡築小作争議の真相』（労文舎、30ジペー）を著わした。しかし、解決した争議の敗北責任を痛感、昭和4年、追われるように家族とともにブラジル移民を選択する。当地で妻、長男、長女を亡くし、昭和26年ごろ死亡。ある意味で郡築争議の犠牲者だった。

園田氏らとともに第3回の日本農民組合大会に出掛けた杉谷つもさんについては、大会参加の模様を第2章で紹介した。争議解決後、郡築を離れた。女手一つでは農業を続けられず、子どもの教育のためだった。八代町で小料理屋を始め、廃娼運動に関わって警察に逮捕されるなど社会活動にも積極的に参加。昭和7年に中国東北部の満州に渡り、しょうゆ工場、おむつ工場に勤め、生命保険の勧誘員にも携わった。ハルビンで終戦を迎え、難民生活を送りながら帰国を望んだが、昭和21年、当地で亡くなった。享年59。女性が闘いの戦列に立つことを身をもって示した人だった。つもさんの生涯を追った内田敬介氏の『土に生きる誇りを求めて』（私家版）は、郡築争議と女性の闘いを知る貴重な資料になっている。

園田氏と同時代に闘った副支部長の南辰次郎氏（明治12〈1879〉年生まれ）は、宇土郡花園村（現宇土市）出身。模範的な小作農民だった。公民権獲得闘争で団結の重要さを知り、以降、第二次小作争議の終結まで一貫して小作人の側に立ち続けた。園田氏を支え、のちには田辺氏とも連帯して闘った。冷静に事態を見つめ、現実的な解決策を探った。争議の終盤、「白紙一任」を迫る警察の調停工作に対して、妥協的立場に立ったことから不本意にも農民組合を除名された。信念の人で、郡築農民を鼓舞し続けた賀川豊彦氏とは親交を深めた。南氏も闘う農民の中心的存在だった。南氏は克明な日記を残し、戦後の昭和21年暮れにあった公益組合との小作料減免交渉では、田辺氏が交渉委員長になり、南氏は固辞したが、副委員長に推された。これは農民が「田辺氏の独善主義を憂慮し」南氏を補佐役にした結果だったと書いている。

大正、昭和の郡築小作争議を一貫して闘った上村松生氏は明治38年、八代郡千丁村（現八代市千丁町）に生まれた。6歳の時、父とともに入植。幼少時代から農作業を手伝い、活発な青年時代を送る。生活は苦しく、福岡の炭鉱に出稼ぎに行き、4回も軍隊に入隊した。争議団の青年部時代は「争議一途に心を燃やした」。オルグの説く社会的矛盾に心を痛め、農民組合青年部の時は、あの「行商隊」にも加わった。「青年訓練所国旗投げ捨て事件」にも関与、終盤の警察による「白紙一任」問題で、田辺氏らとたもとを分かち、強硬派から批判を受けた。晩年、自叙伝を執筆。その中で興味深い田辺評をしている。

それによると、「敗戦後、人絹工場に臨時職員として勤め、不況で首切り宣言を受けた。郡築漁協の副組合長もしていた時、工場の廃水汚濁による海苔《のり》被害の問題が起こり、漁業補償交渉になった。組合長は病弱な田辺氏だった。住職でもあり、漁のことなど知る由もなく、門徒の組合員からのうわさ話で判断する位だった」と回想している。漁業に関して田辺氏が門外漢だったのは仕方ないにしても〝うわさ話で判断〟とは厳しい見方だ。

上村氏の自叙伝などを下敷きにして平成6（1994）年、「郡築小作争議を歴史に残す会」によって『ほのおはけさない　証言―松生じいちゃんが語る　郡築小作争議―』として絵本にもなっている。八代の子どもたちには郡築争議を学ぶ良き教材だ。享年89。（主に内田敬介氏の人物評を参考にした）
　住職をしながらも田辺氏の血は騒ぐ。
　八代平野は岡山の干拓地と並んで日本でも有数の「イ草」生産地帯だ。塩分に強い性質が見込まれた。その始まりは室町時代の永正2（1505）年といわれるから500年以上も前の時代である。稲の裏作として細々と作られ、畳表の加工も手機織《てばた》りの家内副業。明治21年の作付面積はわずか35㌶だったのが、干拓地の拡張と経済発展を受けて14年後の明治35年には163㌶と5倍弱にまで急拡大した。
　生産者の「八代郡畳表組合」は明治34年に組合員354人で設立され、その後は明治40（1907）年に「肥後藺筵《いむしろ》同業組合」（396人）に改称、そして昭和10（1935）年に「熊本県花筵畳表工業組合」が新たに設立された。翌11年、田辺氏が初代の理事長に就任した。昭和14年まで務めた。

特産、イ草の組合も組織化

肥後藺筵同業組合は国内販売を主力にし、機械化が進んだ熊本県花筵畳表工業組合は海外への輸出を中心に担った。

住職がなぜイ草組合に手を出したのか。これも郡築小作争議に取り組む時と同じで、田辺氏は門徒の家を回るうちにイ草生産の過酷な労働実態が目に付き、この改善を狙って農家を結集、機械化を積極的に進めた。困っている人々を助け、未来を切り開いていく行動力は「郡築小作争議」で身に付いた習性でもあったろう。農民側もその開拓精神に頼った。

両組合は戦時中の統制経済下の昭和17年に「熊本県藺製品統制組合」と「熊本県藺製品移出統制組合」に名称を変更、戦後の昭和22年、合併して「熊本県藺製品商工業協同組合」に、そして昭和53（1978）年に「熊本県藺業協同組合」になり、現在は「藺」を「い」としている（熊本県教育委員会『熊本県の近代化遺産』より）。

かつては八代平野には「イ草御殿」が建ち、イ草農家の隆盛は語り草になっている。今でこそ生産が減った「八代イ草」だが、その発展の背景に僧侶の田辺氏が関与していたとは興味深い歴史である。

人々を糾合して力にし、対外的な発信をする行動力は、一方で権力者にとっては危険な存在にも映る。革新性があるだけに戦時色が濃くなる時代にあってはなおさらのこと「要注意人物」でもあった。田辺氏は「警察からはにらまれていた」とも振り返っている。雌伏の時代でもあったろう。

第二次世界大戦の戦況悪化に伴い、自治体は国策に沿って整理統合が進められ、昭和18（1943）年4月1日、郡築村は八代市と合併、地名も「郡築村」から「八代市築地」になり、小学校から集会所など全てが「築地」の冠が付く施設名に変わった。築地小学校、築地公民館—。地区内の呼称も「郡築○番割」から「築地○番町」に変更された。しかし、この強制的ともいえる合併は戦後に大きな問題を引き起こす。ここでも田辺氏が表舞台に立つ。（以下、7年間についての地名は『築地』だが、ここでは便宜的に『郡築』で通す）

戦禍が強まる中、家業の隆法寺住職として僧侶の道に専任。宗門の大谷派では順次資格も増え、補法師位、凜授4級、権僧師と位階も上がった。田辺氏が家族に誇らし気に語っていたことによると、のちに熊本県選出の宗会議員となり、本山では御門主の側近といわれる「参務」を務めるまでになったという。参務とは大谷派宗門の一切を取り仕切る執行機関で、トップの宗務総長が全国の宗会議員から指名して就任する5人のうちの1人である。だから、京都に行く機会も増える。隆法寺の仕事は坊守のみどり夫人と応援の役僧が務めた。

終戦。

時代は一気に解き放たれた。思想も行動も自由な時代になった。田辺氏は表舞台に〝復活〟する。

最初に待っていたのは、郡築の北側に位置する「昭和村」の第4代村長就任である。この昭和村はもともと郡築干拓の第二期工事で予定されていたが、熊本県が工事を肩代わりし、大正9年から大正15年まで足掛け6年の工期で完成させた。干拓は難工事を極め、昭和2年、熊本でも「農聖」と言われた旧松橋町出身の松田喜一氏（明治20

〈1887〉年生まれ）が音頭をとって完工、「昭和時代」の誕生にちなんで村の名付け親になった。地元では今もたたえられている。翌年、千丁村から独立した。

昭和17年と同19（1944）年に堤防工事の不備や台風の影響で護岸が決壊、多大な被害に遭った。この立て直しが懸案になった。戦後の混乱を乗り切るためにも干拓地行政に詳しい田辺氏に白羽の矢が立った。当時の選挙法では市町村長は有権者の直接選挙ではなく、自治体の選挙会が選出する間接選挙だったことで実現した村長就任だった。この時、田辺氏は53歳。『昭和郷土誌』によると、田辺氏は1年間、村長を務めている。昭和村は昭和31年、八代市に合併した。

総選挙に立候補

戦後復興が大きく動き出すと、田辺氏は僧侶の枠を超え、社会活動家としての色彩がさらに濃くなる。昭和21年3月、今度は昭和村村長の就任前、戦後第1回目である第22回衆議院議員総選挙に立候補を決意する。明治22年に生まれた衆議院議員選挙法は兼職規定の除外項目に、村長在職中でも立候補は可能で、現職村長が衆議院選挙に立候補すると自動的に失職するのは、昭和25（１９５０）年に公職選挙法が制定されてからである。

選挙は女性にも参政権が与えられ、大選挙区となった熊本県区では定員10人に大量56人が立候補した。投票は４月10日。熊本日日新聞がこの時、田辺氏の経歴を紹介している。それによると田辺氏は農民組合を足場に社会党の公認候補。告示前の３月30日には真宗大谷派の宗務総長から「道念《どうねん》（求道心）堅固、識見高邁、我宗門有数の英材」と褒めたたえた推薦状が届いた。「僧侶が政界に進出し、国政に寄与するのは新日本建設に貢献すると確信している」。さらに「正法顕場の道」とし、仏法でいう「正しい法理の道」と支持を訴えた。小作争議が激しい時期には、本山から「僧侶の身でありながら自重せよ」と破門されかかった事態とは打って変わっての評価である。これは宗門での栄達が認められたからに他ならないし、田辺氏にすればこの上ない後押しであったろう。

また、日本農民組合熊本県南部連合会は「国政を担当することで日本の安定が図られる」と売り出し、選挙公報には「民主主義の確立」を前面に打ち出して「農地改革、労働者の団結」を訴えている。これらの公約の背景にあるのは小作争議で体験した社会の矛盾の打破であり、政治に求められる国民生活中心の目線であったろう。

選挙では紅一点の山下ツ子《ね》や小作争議を応援してくれた社会党公認の宮村又八、坂田道太（元文部大臣）、林田正治（元熊本市長）の各氏らが当選した。田辺候補は全体で20位の2万1099票。地元の八代市、八代郡では坂田氏に次いで共に2番目の得票だった。荒尾、玉名、菊池方面など県北での支持が足りなかった。

田辺氏は翌年4月25日投票の第23回衆議院議員総選挙にも社会党公認で立候補した。この時は熊本県を2区に分ける中選挙区。八代、人吉球磨、天草など県南部を中心とする熊本2区から立候補した。定員5人に候補者は19人。投票結果は12位で落選。得票も前回から大きく落とし6678票。地盤の八代市、八代郡でも他候補に水をあけられた。この時の2区の当選者は坂田道太、園田直（元外務大臣）、細川隆元（元評論家）の各氏らだった。

このように田辺氏にとっては戦後も慌ただしい日々が続いた。総選挙に立候補する一方で、足場の農民組合でも熊本県の中心的な活動家としての出番が待っていた。選挙を終えたばかりの昭和21年２月には全国の農民組合が結成され、田辺氏は中央委員に就任、併せて顧問に賀川豊彦、杉山元次郎両氏も名を連ねた。懐かしい顔ぶれである。そして、８月18日、熊本市の小学校で日本農民組合熊本県農民連盟の発起人懇談会が開かれた。熊本市の夏は蒸し暑い。汗だくになりながら、参会者は集まった。戦争で止まっていた農民運動をどのようにして再建するか、その打ち合わせ会で、田辺氏は懇談会の座長を務めた。郡築小作争議を闘い抜いた指導者としての力量は誰でもが認めるリーダーになっていた。

２週間後の９月１日、同じ小学校で熊本県農民連盟の創立総会が開かれた。この日から戦後の農民運動がスタートする。綱領は――

①農村における一切の封建制を打破し、個性の尊厳を基調とする農民の人間的解放を期す

②土地革命を完遂し、農民に対する資本の搾取を排除し、科学的農業と文化の創

造による新生農村の建設を期す
③農民戦線を統一強化し、労働戦線との緊密なる提携のもと民主主義的平和日本の実現を期す

となった。そして、田辺氏は熊本県農民連盟の常任委員になり、併せて委員長に就任した。この時、59歳（渡辺宗尚「戦後熊本県農民組合運動前史」（熊本近代史研究会「近代熊本」No.17―15周年特集号）より）。

昭和21年という年は日本にとって混乱と再生が同時に進む激動の日々でもあった。国内では日本国憲法の草案が発表され（施行は翌年5月）、政党の合併、労働運動の再建、女性の社会進出が急速に進んだ。田辺氏の周辺では社会党県連が発足、郡築小作争議の応援に駆け付けた宮村又八氏が委員長に、副委員長に田辺氏が就任した。

農地改革で小作人から地主へ

こうした激動の中で、郡築にとっても一大変革の波が押し寄せていた。もちろん、その中心にいたのは田辺氏である。いや、田辺氏にとっては日本の農業革命の一翼を担ったといっても過言ではない変革である。

農地改革。

歴史的な評価ではGHQ（連合国軍最高司令官総司令部）による農地解放と言われている。

昭和22年、連合国軍最高司令官・マッカーサーは「数世紀にわたる封建的圧制の下、日本農民を奴隷化して来た経済的桎梏《しっこく》を打破する」との号令を出し、日本政府に対して改革を迫った。農民の期待も大きく、熊本市では県庁（現白川公園）近くの藤崎八旛宮参道に農民組合の1000人が集まって「農地改革の推進」を訴えた。

政府の第一次農地改革法案は、自作農を増やし、小作料の現金納付、農地委員会の刷新を盛り込んだものの「地主に甘くて手ぬるい」としてGHQが拒否、これを手直しして、画期的な第二次改革法案になった。

その最も大きな特徴は、地主が持てる農地の所有面積を上限1町歩（1㌶）に、自作している場合でも3町歩（3㌶）の制限にしたことである。これ以上を所有していると政府が強制的に買い上げ、小作人に格安で売却するシステムにした。インフレが進んでいた時期でもあり、小作人はタダ同然での農地取得になったと言われている。

今でも農村地帯に行くと、かつて豪農だった地主から「ここから見渡す限りはうちの農地だった」「あの山すそまでうちの田んぼだった」と聞くことがある。それだけ威力のある改革で、地主にとっては〝取り上げられた末の激変〟であり、小作人からすれば〝奴隷からの解放〟でもあった。

買い上げ、払い下げには当然ながら不満、不平が出る。熊本では流血騒動もあった。それを調停したのが各自治体に設けられた「農地調整委員会」。委員10人は選挙で選ばれ、内訳は小作人5人、地主3人、自作2人。当時の公平な選挙に国民の関心も高く、〝民主主義〟の到来に希望を託した。熊本県全体では3190人。田辺氏も選出され、八代地区の初代委員長になった。ここでも農地行政に明るい経験が認められた。

この農地改革で、全国では193万町歩（193万㌶）の農地を237万人の地主から買い上げ、475万人の小作人に払い下げられた。熊本では6万町歩（6万㌶）の対象農地に対して、小作農家は9万9000戸、そのうち契約の済んだ分の第1回引き渡し式が11月23日に行われた。農家の喜びはひとしおだったようで、熊本日日新聞は菊池郡津田村（現菊陽町）の様子を「明けゆく新農村の喜び　輝く自作農の途出（門出）さあ新しき第一歩」と書き、村では祝宴、演芸大会が開かれた模様も伝えた。

郡築の農家は全員小作人である。835町歩（835㌶）の農地に地主は公益組合一つ。これを590戸の小作人に払い下げ、一戸当たり一挙に1・41町歩（1・41㌶）の地主になった。調整にかかった期間は昭和22年から1年間。二度の小作争議では「部分権」、すなわち「所有権」の獲得を執念のように訴えてきたのが、公益組合のあつい壁にはね返された。それが、GHQの手によって「あっという間」に実現したのである。

この年、GHQは田辺氏のこれまでの活動を評価、「全国中央農地委員会」の常任委員に起用した。農地改革ではさらに重責を負うことになった。田辺氏の注目すべき仕事が残っている。

全国の案件を扱う中で、農林省から「農地改革疎外の件」が諮問されてきた。これは〝全国区〟の宗教法人が関西地区で農地、山林を約5町歩（5㌶）買い上げ、教育、研修施設を造るという大きな計画に農林省が疑義を持った案件である。この諮問を田辺氏は直接現地に出向いて査察している。その結果、美田も含まれるのに地価が不当に安く、買収に当たってはブローカーが暗躍し、農地の所有権移転では当該自治体の担当者にワイロが渡っている疑いがあることを突き止めている。だから、「この件は許可すべきではない」と結論付けて答申した。農林省も不許可の処置をした。正義感の強い、田辺氏らしい仕事だった。

郡築村長に就任

郡築村は小作争議を闘ってきた経験があるだけに自治意識の強い地域に成長してい

た。戦前に八代市に合併していたのに５年後の昭和23年になると、今度は独立運動が始まり、２年後の昭和25年には分村を実現させたのである。

いったい何があったのか――。

伏線がある。

郡築村では、もともと戦前に八代市に合併した際、「大東亜戦争遂行のために国策で合併させられた」との不満が根強くあった。それらのいきさつを経て、戦後の食糧難の時代を迎えた。政府は全国の市町村に食糧供出を割り当て、当然ながら八代市も従ったが、郡築ではその供出割合を「差別的だ」と受け取った。土地の痩せている郡築は、近隣の村より反当たりの収量が少ないのに同じ割合の供出を求められ、「不足分は近隣の村から買い求めて供出しろ」と強権的である。近隣の村は郡築に高いいわば「ヤミ米」を売り渡し、懐を暖めている。警察は「米を隠しているのではないか」と納屋を調べ、八代市も郡築の実情を見て見ぬふりである。「雑炊を食べてしのいでいるのに」と郡築では不満が爆発寸前になった。小作争議で地主から受けた仕打ちと重なった。

郡築からの納税額と八代市から受ける恩恵が議論になると、必然的に「不平等だ」との声が大きくなり、分村運動が持ち上がった。

「もう我慢ならん」

こうなると郡築の動きは素早い。村選出の市会議員が中心になり、田辺氏も旗振りになった。隆法寺では「築地（郡築）町町民大会」が開かれ、村挙げての運動になった。小作争議では農民間の分裂騒動があったのに、分村運動では「挙村一致」の体制になった。この事態を『郡築百年史』は「第三次小作争議」とも表現している。

熊本県や八代市の激しい抵抗を受けながら署名活動、住民投票に持ち込み、昭和24（1949）年5月4日の投票で過半数を制し、民意を示した。

翌年の3月25日、熊本県議会が分村を認め、ついに〝独立〟を勝ち取った。全国でも二番目の画期的な出来事だった。ちなみにこの時の県議会では飽託郡三和村（現熊本市）の分村運動も論議、これを認めた。三和村は高橋地区と城山地区が対立、高橋地区が分村を求めていた。

分村が認められると直ちに「村建設委員会」が作られ、田辺氏は顧問に就任、地名も「築地」から「郡築」に戻った。昭和25年7月1日に村政が施行され、田辺氏は再スタートの村長に就任した。郡築振興のために若いころから奔走、20年かけてついに地域のトップに立った。

村長になると、地域の融和を図るため公民館活動に尽力、干拓地の整備推進に土地改良区を設立し、責任者になった。風水害対策として配水ポンプの設置に走り回り、県営事業として建設された。しかし、分村運動では村挙げてまとまり、一致協力したものの一方では小作争議時代の農民組合派、公益組合派の対立意識が根強く残っていた。昭和27（１９５２）年には反村長的な村議会の副議長が「議会の議事運営がおかしい」としてリコール運動を受け、8月10日の住民投票で成立、解職された。

すると今度は〝報復的〟に田辺村長に対するリコール運動が起こり、昭和28（１９５３）年3月20日の投票では僅差で信任された。社会党系村長に嫌気が差した自由党系の対立とも言われたが、この村長リコール運動では村が真っ二つに割れた。農協、漁協、青年団、婦人会と隅々まで対立、ガリ版刷りのアジビラや村報まで出て激しい攻防を繰り広げた。

有権者2193人に対して投票率は95・3％、解職請求を否定したのが74票差だっただけにいかに際どい勝利だったかが分かる。それだけにしこりを残した。

それでも、村の行政は動く。リコール騒動の余韻が残る昭和28年5月、アメリカ大使館の農業アタッシェ（専門委員）を務めていたW・Iラデジンスキー（1899年生）が九州の農業視察を行い、郡築にも来た。農地改革の実際を見るためだった。その模様が『九州視察旅行記』に書かれている。地元で応対したのは村長の田辺氏。ラデジンスキーは回想している。（カッコ内は筆者）

「農民やその先達《せんだつ》の中にはこの〝たなぼた〟式の農地改革の衝に当たった人が誰であったかをよく心得ていた者もあった。懇談会の席上で私が『農地改革は戦後第一次吉田内閣の時に交付されたた』ことをもらしたところ、これが『農地改革の衝に当たった者は吉田首相である』という意味にとられたらしく、郡築の（田辺）村長はすぶ（ママ、「根っから」の意？）の反吉田派で『いや吉田ではなくて和田博雄とマッカーサー元帥ですよ』と率直に異議を申し立てた」

和田博雄（明治36〈1903〉年生まれ）は農林省農政局長を経て社会党の衆議院および参議院議員になった人物で、田辺氏は農地改革を日本では誰が担ったのかをよく知っていただけに鋭い異議申し立てであり、遠慮のない口ぶりはいかにも田辺氏らしい。

昭和28年、政府は「町村合併促進法」を制定、人口8000人以内の自治体に合併を促した。社会福祉や保健衛生の業務を市町村に移管、事務の効率化を図る意図だった。郡築村でもその意向に沿い、昭和29年7月1日、再び八代市と合併した。これに伴い、田辺氏も自動的に村長の役目を終えた。前後して周辺の町村も八代市に合併、昭和33（1958）年までに8つの自治体が八代市に加わった。全国では自治体が3分の1も減った。「昭和の大合併」と言われている。

田辺氏は村長を辞めるころ、体調を崩していた。長年の激務が影響したのか、静養が必要だった。昭和32（1957）年、母校・八代高校の社会研究クラブから求められ、郡築小作争議を振り返っている。同クラブは高校で教鞭《べん》を執っていた岩本税教諭が指導。生徒たちは田辺氏が保管していた「郡築小作資料」を丹念に書き写し、3巻にまとめた中に回想録として収められている。この資料集は郡築小作争議の研究には欠かせない貴重な遺産となっている。以下、少し長いが、田辺氏の足跡を知る重要な手掛かりになるものであり、全文を再録する。（一部句読点、ふりがなを付けた。他は原文ママ）

「郡築争議の頃」

吾が郷土熊本県郡築村は、郡制当時八代郡の郡有財産造成の目的をもって築造したる不知火海干拓地帯で、その埋め立て総面積一千二百町歩に及んでいる。明治三十七年に完成するや、各地より耕作移植民を募り、農耕に当たらしめたのである。当初干拓地は種苗育成には未だ至らず、年月を経るにつれ、移住民は開墾事業と、地主の搾取のため、手持ちの資金を使い果たし、移住の目的どころか生活の基礎まで根底から崩潰《ほうかい》され、果ては職を他に求め、逃避するもの、又は夜逃げ出奔するもの続出し、其の間地主は移植者を次から次へ募り、二転三転して今日まで頑張りぬいた者、その数僅かに十数世帯に過ぎない現状である。私の生家は従来寺院を営み、隣村に居住していたのであるが、郡築干拓成るや、選ばれて現在地に寺領を受け、干拓地開放のため、移転して来た真宗寺院であり、私はその住職であった。その私が小作組合農民組合を結成し組合長となって小作争議を起こさねばならなかった。それは郡築の小作農民が人間にして人間にあらざる存在と、生活を強いられていたからである。

地主・八代郡公益事務組合は、只《ただ》かれらの目的である財産造成以外何ものもなかった。それは公益事務組合の議員が皆地方地主より選ばれ、徳米《とくまい》（年貢）搾取の代表機関として地主擁護の手先を成していたからであった。徳米請求には郡官憲を駆使し、暴力団を操って威嚇し、或いは政治的手管《てくだ》を弄して小作人団結の破壊工作を策した。この狡知に対抗し、小作農民は悪戦苦闘実に悲惨極まるものがあった。斯《か》かる、圧政と搾取に耐えかねて小作農民は遂に結束し彼《か》の有名な日本農民組合の旗下に郡築小作争議を起こしたのである。ときに私が三十二歳のときであった。それは郡築農民の救済と人権擁護と徳米四割減額の旗印に、小作争議団長となり、二カ年有半に亘る闘争に終始し、大勝利を拍し、目的を達した。郡築農民とともに限りない喜びの蓋《つ》きないところである。回顧するに其の当時争議団員との誓いに「若し徳米四割減を獲得し得ない場合は生きていない」と固い約束を交わしていたこと、中でも、強い同志と青年の力に俟《ま》つところ大であったことが、争議解決近くに及び幹部内に相当の脱落者をだしたのも係わらず、最後まで戦い頑張り遂げた一つの因であったことを特に思い起こす。想えばその間、検束投獄と幾度と苦衷をなめたが、今や郡築は熊本県下の米麦の宝庫とし、年収二億円余を生産収得している。現在全国でも稀にみる富農の地となっている。爾来私は今日まで四十年農民と共に生きて来た。つらく往時を回顧するに、只感慨無量である。

それについて忘れられないことは、大正、昭和に於ける郡築の小作争議に、日本農民運動の先駆者、杉山元次郎、賀川豊彦、小岩井浄、細道兼光、稲富隫人、水谷長三郎、浅原健藏、高崎正戸、各先生方始め、その他、諸先輩には身を以て応援参画させられ、ご指導賜わりしことは、吾々郡築農民の一大光栄であり、その御高配に対して深く感謝申し上げる次第である。

一九五七（昭和32）年正月十八日　田辺義道

終章　進取の気性、豊かな干拓地

生死出づべきの道

ギドーさんは体調を崩していた。穏やかな日々を求めていた。

隆法寺から歩いても約30分の前川河畔、ここは球磨川から分かれた下流に当たり、前面には広々とした穏やかな風景が広がる。堤防の裏手はかつて八代の遊郭街だった紺屋地区である。郡築の小作農民が組合結成で気勢を上げた蛭子座もあった。ギドーさんはこの地に別宅を構え、悠々と暮らし始めた。静養でもあったろう。

別宅のあった場所は今、中華料理店が営業している。

ギドーさんの孫になる隆法寺の現住職・洋之さんは、母・タヤ子さんに連れられて時々爺さんを訪ねていた。別宅は河川敷に高床式のベランダを張り出し、一角には檜《ひのき》

昭和36年初春、真宗大谷派の門主夫人（お裏方）が訪れた際の記念写真。後方・左端が田辺氏、一人おいてみどり夫人、源勇氏、タヤ子夫人。右端の女性に抱かれているのが現住職・洋之氏。前列中央が門主夫人、左側の着物姿が源勇氏の長女・良子さん、右側が長男

風呂をこしらえて客をもてなしていた。身長約１７０センチ、体重はでっぷりとした約80キロ、チョビひげを蓄えた風貌はおおらかさを漂わせ、往時の闘士の匂いは消えていた。「風流な人で、お経はあんまり上手ではなかったが、演説は上手でずぶとい声に弁の立つ人だった」と洋之さん。

　昭和40（１９６５）年2月1日、長年連れ添ったみどり夫人を亡くした。享年64。住職が留守がちな隆法寺を坊守として必

死に支えた。小作争議ではお寺が争議団の拠点になり、遠来からの応援団を快く受け入れた。地域の婦人団のまとめ役として闘ってくれた〝戦友〟でもあった。昭和36年に東本願寺の門主夫人を迎えた時は、「苦労が報われた」と末寺の坊守として終生の誇りになった。

そんな妻を亡くして張りが消えたのか、ギドーさんは急速に病状が悪化した。振り返れば、八代中学（旧制）3年の時、漢詩で書いた「蘭亭序」から「生死出づべきの道」として、仏門に生まれた自分の生き方を定めた。釈尊は出家する動機に「四門《しもん》出遊《しゅつゆう》」（注17）から人々の生老病死《しょうろうびょうし》を見る。それと同じようにギドーさんはまさに僧侶としての生涯を貫いた。最期の時を迎え、自分の生き方に後悔はなく満足していた。

仏門に入って66年、宗祖・親鸞聖人は「阿弥陀如来を信じて（南無阿弥陀仏を）念仏すれば、人は必ず救われる」と教えた。隆法寺が大事に守って来た虚空蔵菩薩は「智慧と徳の菩薩」の名のとおりギドーさんを十分に見守ってくれた。

昭和41年11月25日、ギドーさんは静かに浄土へ旅立った。肝臓がんだった。みどり夫人が亡くなって11カ月後のことである。翌26日付の熊本日日新聞に細かく死亡記事が掲載された。

注17　出家前、釈尊は旅に立とうとする時、東門で衰えた老人を見た。老醜を嘆き、苦しむ姿に人間の本質を知る。次いで、南門に回るとやつれきった病人を見る。人間誰しもが病気に苦しむ悲惨さに直面する。西門から出ようとすると死者の葬儀に出会った。そこで、生命のはかなさを感じる。最後に北門から出る時、確固とした信念を持った「沙門」（出家者）に会い、釈尊は自分に求められる「衆生救済」の道を歩むことを決めた。

ギドーさんは安心だった。既に隆法寺には長女・タヤ子さんに迎えた源勇氏（大正11〈1936〉年生まれ）が立派に跡を継いでいた。新住職は長崎県出身、日本大学在学中の昭和15（1940）年に得度、翌年大学を中退して京都の真宗学園で仏教を学んだ。宗門活動中にギドーさんが気に入り、昭和23年、隆法寺に迎えた。鹿児島別院に出向いて修行したこともあり、郡築では公民館活動にも熱を入れた。

昭和31年から2期、八代市議会議員を務めたが、所属は自民党。社会党色濃厚な経歴のギドーさんは党派を超え跡継ぎの住職を一生懸命応援した。

源勇氏夫妻の子どもは3人。長女が小児糖尿病を患っていたため、源勇氏は「熊本県小児糖尿病を守る会」の初代会長として奔走、健康保険によるインシュリンの自己注射を実現させた。また、小児糖尿病は昭和49年、「慢性疾患」に指定されたが、その実現には源勇氏の働きがあった。NHKテレビのドキュメンタリー番組として全国放送されたこともあり、亡くなった時は日本糖尿病協会が丁重な弔辞を寄せた。平成10（1998）年12月30日死去、享年76、妻のタヤ子さんは平成18（2006）年7月17日死去。享年78。折に触れて母・みどりさんから小作争議のことを聞いていた。

祖父・義道氏の書を前に現住職・洋之氏と坊守・久美さん

思えば、隆法寺が郡築に越して来た時、仏教寺院としての門徒は郡築の全世帯だった。だが、ギドーさんが争議の旗を振るうちに門信徒のいくらかは離れ、選挙に出て政党色が強くなると、また離団する人も現れた。それでも隆法寺をあつく見守ってくれる人々が真実信心のもと本堂に集った。

隆法寺は今、洋之氏が18世住職として坊守の妻・久美さん（昭和44〈1969〉年生まれ）とともに守り、現在、子どもは4人。併設した幼稚園から子どもたちの元気な歌声が聞こえて来る。

日本一のトマト生産地

郡築干拓は今、実り豊かな農村地帯に生まれ変わった。隆法寺の前には広々とした田園風景が広がる。干拓地には縦横に道路が走り、水路が沿っている。初めて来た人は道に迷ってしまうほど似通った風景だ。大きなビニールハウスが並び、水稲、野菜の生産で人々が行き交う。アジア方面からの農業実習生の自転車姿も郡築に溶け込んだ。

　小作争議の歴史は彼方《かなた》にかすみ、豊かな農村に変貌した。

　郡築の農家は平成27年時で356戸。1018人が農業に従事している。そして、特徴的なのは農産物の販売金額で、5000万円以上が41戸、これは八代市全体の50％にも達する。3000万円から5000万円も63戸で40％強。八代地区の中でも所得水準の高い豊かな地域になった。これを支えているのが、近年売り出し中の塩トマト。八代地区のトマトは糖度が高く、平成29年度の年間生産量は5万9000㌧、売上額にして約270億円、文字どおり〝日本一のトマト生産地〟になった。その他、メロン、イチゴなどの果物、キャベツやレタスの特産地としても市場の評価は高い（八代市農林水産部）。

　半面、収量が減ったものもある。かつて、八代平野のイ草生産は日本でも一級の農産物だった。「みどりのダイヤ」と言われるほど収益も多く、（金のかかった）蓑甲造《みのこう》りの家屋が干拓地にデンと建ち、「イ草御殿」とも言われた。このことについては第5章でも既に触れた。そのイ草は、例えば平成2（1990）年で4034戸、

5017㌶が作られていた。平成7（1995）年度では全国生産量の75％もあったが、令和5（2023）年には284戸、334㌶に激減した。33年間で10分1の減りようである。日本の家屋に畳敷きがなくなり、中国などからの輸入品に押されてしまった。

このように農家の生産構造は変わった。「三ちゃん（じいちゃん、ばあちゃん、かあちゃん）農業」「若者が減って跡継ぎがいない」と農業の行く末を心配する声は、日本の農村地帯に満ちあふれているが、郡築は違った様相を見せる。農業就業人口を見ると、郡築全体で897人の就農に対して、15歳～44歳までは241人、実に3分1を占めている（「農業センサス」、平成27年）。

八代地区で農業指導に忙しい「JAやつしろ」の営農部指導係長・藤本王明《きみあき》さん（昭和50〈1975〉年生まれ）は、「郡築に限って言うと農業後継者の心配はない」と見る。「JAやつしろ青壮年部郡築総支部」の令和5年度の活動方針も活気にあふれる。①元気な青壮年部②儲かる農業③仲間づくり④愛される農協青壮年部―を掲げている。地域内で行われる祭りや運動会など各種催しに、若い青年が率先して走り回っているのは頼もしい。

では、あれほど燃え盛った〝革新の息吹〟はどうなったのか。藤本さんは「革新性は薄れたが、進取の気性はとても強い地域だ」と評価する。八代市郡選出で立憲民主党所属の県会議員を3期務めた磯田毅《こわし》さん（昭和27〈1952〉年生まれ、令和5〈2023〉年4月勇退）は、郡築が主地盤だった。農協勤務の傍ら農業にも汗を流し、平成9年の「郡築小作争議70年行事」では、「小作争議から学ぶもの」として学習会を開いたこともあった。令和元年に起きた八代市の農協合併問題では、合併に反対する立場から「郡築農協を守る会」に名を連ねたこともあった。「父は入植してきた郡築でトマト生産の先駆者だった。今、私も実習生を使いトマトを作っている。5月には干拓地に〝鯉《こい》のぼり〟が立ち、若者が元気なのは喜ばしい。その意味では愛着のある地域だ」「自民党農政が続き、農協の影響力を受けて革新性が薄れているのは仕方がない。小作争議のことを忘れてはいけないが、時代は急速に保守化している」

農民組合の郡築支部も8年ほど前に解散した。小作争議100周年を迎えた今、磯田さんは「記憶の伝承はしていかないと」と、親交のある内田敬介氏らとの記念行事

国の重要文化財「旧郡築新地甲号樋門」（樋門脇の案内看板より）

の開催を模索している。

郡築の歴史が刻まれていく中で、記念すべきことも起きた。平成16（2004）年7月、八代外港に近い三番町の「旧郡築新地甲号樋門」が国の重要文化財に指定された。この樋門は明治34年、干拓に着手した八代郡が建設したもので、レンガ造りの長さは32・1㍍、幅5・2㍍、高さ5・6㍍。明治を代表する巧緻な干拓樋門として認められた。また、昭和13年築造の郡築二番町樋門も平成8（1996）年、国の登録有形文化財になっている。

甲号樋門に集まる用水路は、大島に造られた運動公園野球場のすぐ前を走り、たっぷりと水を蓄えている。今も近隣の農家が交代で管理す

郡築神社の鳥居を通して見える干拓地、遠方は大島

る生きた樋門である。周囲は草木が生い茂り、野球場前の道路には重文の案内看板があるだけ。樋門操作の構築物しか見ることができない。反対側の干拓地の田んぼに畦道があり、辛うじてのぞくことができる。郡築の各樋門については、八代史談会元会長・松山丈三氏の「郡築新地と近代化遺産―樋門―」（「夜豆志呂」１４６号）が詳しく書いている。

闘いの歴史が、現代に生きる人々の中で風化していくのは仕方ないが、郡築の農家に進取の気性は受け継がれた。一方、樋門が評価されたように、多数の歴史的遺産は残る。象徴的なものとして大正15年、郡築神社に建てられた「鳥居碑文」がある。これは平成8年暮れに2774万円で修復改修された。郡築小作争議の歴史を如実に語る。以下、全文。

明治三十七年二月九日　郡築村の汐止め完成以来　郡築村民は高額の小作料の為旧村に於ける父祖伝来の資産を売却し　或いは多額の負債を背負い赤貧洗ふが中に　毎年地主たる公益組合に対して　開墾権を理由とする小作料の値下げを請願しありたるが　小作料は高まる一方であり　村民の生活は極度に逼迫し　大正十二年止むを得ず争議を断行し　翌十三年九月三日解決せり　昭和四年　地主公益組合は大正十二年、十三年の小作争議における小林徳一郎氏の調停解決を無視し　以前の最高額の小作料に引上げ　小作継続契約を公正証書を以て締結せよと強制せしにより　農民組合員　小林氏の調定額にて契約継続懇願中　公益組合長上村靖氏は麦の立毛差押えを成し　これを競売に付したるにより　是に応訴し遂に第二回の争議となれり　之が為　土地立入禁止処分を受けたる者四十五名　耕地百弐拾余町歩に及べり　県当局は大いに之を憂慮し宮崎県より上山盛栄氏を八代警察署長に招聘任命して調停の労をとらしめたり　同署長は熱と誠を以て努力せられし結果　昭和六年一月十五日　円満なる解決を見るに至れり　立入禁止犠牲者氏名　並びに反別下記の通り（氏名は省略）

◇　◇　◇

取材では隆法寺住職の田辺洋之氏から「門外不出」の資料を多数見せてもらい、郡築小作争議の研究では第一人者と言われる内田敬介氏（美里町在住）に貴重な助言と解説を受けた。御礼を申し上げたい。

僧侶としての田辺義道氏は「仏門」の枠を超えた情熱的な人だった。困難な闘いを統率する指導力と粘り強い意志は、まさに「衆生救済」に駆られた一念であったろう。歴史に対する強い責任の一端がうかがえ、小作争議に関する膨大な資料や写真を丹念に分類していた。

幾多の資料収集では八代市立図書館や熊本県立図書館にお世話になった。図書館のレファレンス機能に改めて助けられた。この他、八代史談会や熊本近代史研究会の論考は大いに参考になった。歴史研究の先駆者として学びたい。出版に際しては熊日出版の櫛野幸代さんにお手数をかけた。ありがとうございました。

合掌

主要参考文献、資料、引用

八代市郡築郷土誌編纂協議会『郡築郷土誌』八代市郡築出張所　昭和49年
郡築汐止百周年記念祭実行委員会記念誌部会『郡築百年史』八代市郡築出張所　平成17年
花岡伊之作『熊本県郡築小作争議の真相』稲本報徳舎　大正13年
園田末起『郡築小作争議の真相』労文舎　大正13年
田辺義道蔵「郡築小作争議資料綴」全国農民組合郡築支部　昭和4〜6年
「郡築小作争議　新聞抜粋綴」全国農民組合郡築支部　昭和5〜6年
「傷害被告事件」警察・検察取り調べ調書　昭和5年
八代高校社会研究クラブ「郡築小作争議資料1、2、3」同クラブ　昭和42、43、44年
農民組合創立五十周年記念祭実行委員会『農民組合五十年史』御茶の水書房　1972年
青木恵一郎『土の民の記録』新評論社　昭和30年
『日本農民運動史第三巻』日本評論新社　昭和34年
柳本見一『激動二十年』毎日新聞西部本社　昭和40年

細貝大次郎「近代化のための農民闘争」（拓殖大学海外事情研究所報告）１９７１年
小西秀隆「無産政党成立期における地方の動向」（九州大学学術情報リポジトリ）
１９８２年
渡辺宗尚「戦後熊本県農民組合運動前史」（近代熊本No.17―15周年特集号）熊本近代
史研究会　昭和50年
内田敬介「熊本の農地改革」（近代熊本第30号）２００６年
「農民運動と水平社（上）―熊本における検証」（部落解放研究くまもと第
47号）２００４年
『土に生きる誇りを求めて―杉谷つもら女性農民に学ぶ』（私家版６刷）
２０２３年
「郡築小作争議関係書簡をめぐって」（近代熊本第31号）熊本近代史研究会
２００７年
「青年訓練所国旗投げ捨て事件」（熊本近代史研究会会報第３１０号）熊本
近代史研究会　１９９６年

「郡築小作争議の人物群像」（近代における熊本の人物群像）熊本近代史研究会　2021年
岩本税「土に生きた法衣の男」（熊本・徳永直の会会報第35号）1997年
賀川豊彦『沈まざる太陽』第一書房　昭和14年
住井すゑ『橋のない川　第六部』新潮社　1973年
女性史研究第14集『近代の女キリスト者』家族史研究会　1982年
くまもとの女性史編さん委員会『くまもとの女性史』くまもと女性史研究会　2000年
W・Iラデジンスキー『九州視察旅行記』（私家版）昭和28年
杣正夫『日本選挙制度史』九州大学出版会　1992年
熊本県警察史編さん委員会『熊本県警察史』熊本県警察本部　昭和57年
九州日日新聞（熊本日日新聞マイクロフィルム＝熊本県立図書館）
九州新聞（同）
熊本日日新聞

参考資料、資料・写真提供、取材協力（敬称略）

▽八代史談会「夜豆志呂99号、146号」▽『昭和郷土史』▽『ほのおはけさない証言―松生じいちゃんが語る　郡築小作争議―』▽宮崎忠『茶飲み話』▽熊本県教育委員会『熊本県の近代化遺産』▽『新・熊本の歴史8近代（下）』▽『新・熊本の歴史9現代』▽『熊本県史』▽「日本社会党第十三回定期全国大会議案」▽八代市農林水産部・令和元年「八代市の農業」▽JA八代青壮年部郡築総支部「令和4年度通常総会」▽『八高百年史』▽『八高創立六十年記念誌・白鷺』▽『八高群像』▽『八千把小学校百周年記念誌』▽坂田道男『わが道わが家』▽『熊本地裁九十年誌』▽『熊本昭和史年表』▽公益財団法人賀川事業団雲柱社賀川豊彦記念松沢資料館（東京都）▽社会福祉法人イエス団賀川記念館（神戸市）▽大阪朝日新聞▽大阪毎日新聞▽毎日新聞大阪開発株式会社▽大阪府立中之島図書館▽京都府立図書館▽明治大学▽早稲田大学校友会▽熊本県い業協同組合、八千把小学校、磯田毅、藤本王明、田辺達也（八代市）▽中村益行（山都町）▽田中篤（県立玉名高校長＝前）▽伊藤洋典（熊本大学教授）▽井村秀夫、窪寺雄敏（熊本市）

著者略歴

荒牧　邦三（あらまき・くにぞう）

昭和22（1947）年、熊本県生まれ、昭和46（1971）年、熊本日日新聞社入社、社会部長、論説委員、常務取締役、㈱熊日会館社長

著書『県会議員拉致事件―昭和 熊本の仰天政争』（熊本日日新聞社）『白川 千人の石合戦―大干ばつが招いた水争い』（熊本日日新聞社）『73歳　お坊さんになる』（探究社）『満州国の最期を背負った男　星子敏雄』（弦書房）『五高・東光会　日本精神を死守した一八五人』（弦書房）『ルポ・くまもとの被差別部落』（熊本日日新聞社）
共著『ここにも差別が　ジャーナリストの見た部落問題』（解放出版社）『新九州人国記』（熊本日日新聞社）

僧侶が起《た》つ ―八代　郡築小作争議を主導した男・田辺義道―

令和6（2024）年3月9日　発行

著　　者　荒牧邦三
発　　行　熊本日日新聞社
制作・発売　熊日出版
〒860-0827　熊本市中央区世安1-5-1
TEL096-361-3274　FAX096-361-3249
https://www.kumanichi-sv.co.jp/books/
印　　刷　シモダ印刷株式会社

ISBN978-4-87755-656-3　C0221

定価は表紙カバーに表示してあります。
落丁本・乱丁本はお取り替えします。